国家自然科学基金青年项目（72204133）
国家自然科学基金面上项目（42271305）
国家社会科学基金重大项目（21ZDA030）
中央高校基本科研业务费资助项目（2-9-2023-045）
中国地质大学（北京）2023年度本科教育质量提升计划建设项目（XWK202302）

新能源汽车动力电池回收利用影响因素建模及激励政策研究

唐岩岩　张　奇◎著

中国财经出版传媒集团
经济科学出版社
Economic Science Press
北京

图书在版编目（CIP）数据

新能源汽车动力电池回收利用影响因素建模及激励政策研究 / 唐岩岩，张奇著 . -- 北京 ：经济科学出版社，2024. 8. -- ISBN 978 -7 -5218 -6258 -4

Ⅰ. X734. 2

中国国家版本馆 CIP 数据核字第 20242QU775 号

责任编辑：张　蕾
责任校对：齐　杰
责任印制：邱　天

新能源汽车动力电池回收利用影响因素建模及激励政策研究
XINNENGYUAN QICHE DONGLI DIANCHI HUISHOU LIYONG
YINGXIANG YINSU JIANMO JI JILI ZHENGCE YANJIU
唐岩岩　张　奇　著
经济科学出版社出版、发行　新华书店经销
社址：北京市海淀区阜成路甲 28 号　邮编：100142
应用经济分社电话：010 -88191375　发行部电话：010 -88191522
网址：www. esp. com. cn
电子邮箱：esp@ esp. com. cn
天猫网店：经济科学出版社旗舰店
网址：http：//jjkxcbs. tmall. com
固安华明印业有限公司印装
710 ×1000　16 开　12 印张　230000 字
2024 年 12 月第 1 版　2024 年 12 月第 1 次印刷
ISBN 978 -7 -5218 -6258 -4　定价：92. 00 元
（图书出现印装问题，本社负责调换。电话：010 -88191545）

前　言

为了积极应对气候变化、实现碳中和愿景，主要发达经济体纷纷加速向交通领域零排放或低碳化转型，新能源汽车已经成为汽车产业转型发展的重要方向。在政府政策的大力支持下，我国新能源汽车产业迅猛发展。据中国汽车工业协会统计，截至2023年，我国连续9年新能源汽车销量全球第一，占全球市场份额超过60%。与此同时，作为核心部件的车用动力电池也迎来了高速发展期。由于使用过程中电池容量和充放电效率下降等问题，其平均使用寿命约为5~8年，我国即将迎来动力电池规模化报废的时间点。推动动力电池高效回收利用对于生态环境高水平保护、全产业链深度减排脱碳、经济体系绿色循环发展、战略矿产资源稳定供应等具有重要意义。

动力电池回收利用作为一个新兴领域，目前正处于起步阶段，为废弃物回收管理系统带来新的挑战，主要存在时空分布格局不明、梯次利用商业模式盈利性不高、居民用户参与正规回收渠道意愿不高、回收环节激励政策单一等突出问题。本书在借鉴经典的计划行为理论、复杂适应系统理论等基础上，综合开发相关模型工具，旨在完善回收利用体系建设，为相关政策制定提供决策参考。具体研究内容包括：综合考虑气候条件、空气质量等因素，应用Gompertz模型、Weibull分布模型等，对比分析地级及以上城市在动力电池退役规模和高峰期时间的差异；基于公共充电站项目，采用Benders分解算法对储能系统等设施进行优化配置，测度动力电池梯次利用的经济价值；设计相关问卷量表对居民的回收行为开展调查，运用结构方程模型识别驱动因素、量化影响路径；构建回收系统多主体行为决策模型，动态模拟回收价格补贴政策、宣传教育政策、回收目标责任政策的实施效果。本书适合从事能源经济与管理学科领域的科研人员、管理人员，以及大专院校师生参考阅读。

本书的研究工作得到了国家自然科学基金青年项目（72204133）、国家自然科学基金面上项目（42271305）、国家社会科学基金重大项目（21ZDA030）、中央高校基本科研业务费资助项目（2－9－2023－045）和中国地质大学（北京）2023年度本科教育质量提升计划建设项目（XWK202302）的支持。

目　录
Contents

第1章 绪　论

1.1 研究背景

1.1.1 新能源汽车发展现状

自工业革命开展以来，化石燃料的广泛使用使二氧化碳、甲烷等温室气体的排放大幅增长，世界正在经历以变暖为典型特征的气候变化过程。政府间气候变化专门委员会发布的第六次评估报告中指出，相较于1850～1900年，2011～2020年全球地表平均气温上升1.1℃，预计未来20年全球温升将达到或超过1.5℃。更严重的热浪、更强烈的降雨和其他极端灾害事件将随之频发，进一步引发生态系统失衡风险。积极应对气候变化、实现清洁低碳转型已成为国际社会的共同使命。在第21届联合国气候变化大会上，近200个国家和地区组织代表通过了《巴黎协定》，确保到21世纪末全球平均气温较工业化前水平升高幅度控制在2℃内，并为将升温控制在1.5℃内而努力。

随着城镇化和工业化进程的深入推进，我国在经济社会快速发展与资源环境承载能力不足之间的尖锐矛盾亟须破解。《世界能源统计年鉴2022》显示，中国在2021年的一次能源消费量为163.25艾焦耳、二氧化碳排放量为123.90亿吨，分别约占全球总量的27.47%和36.26%（见图1.1和图1.2），是世界第一大能源消费国和碳排放国。中国一直是全球气候环境治理的重要参与者、贡献者和引领者。2015年6月，中国向联合国气候变化框架公约秘书处提交了《强化应对气候变化行动——中国国家自主贡献》，确定2030年单位国内生产总值二氧化碳排放比2005年下降60%～65%等新目标。2020年9月，在第75届联合国大会上，国家主席习近平发表重要讲话，强调中国将提高国家自主贡献力度，二氧化碳排放力争于2030年前达到峰值，努力争取2060年前实现碳中和。2021年10月，《关于完整准确全面贯彻新发展理念做好碳达峰碳中和工作的意见》和《2030年前碳达峰行动方案》相继印发，为我国如期实现“双碳”目标制定了清晰的路线图、施工图。

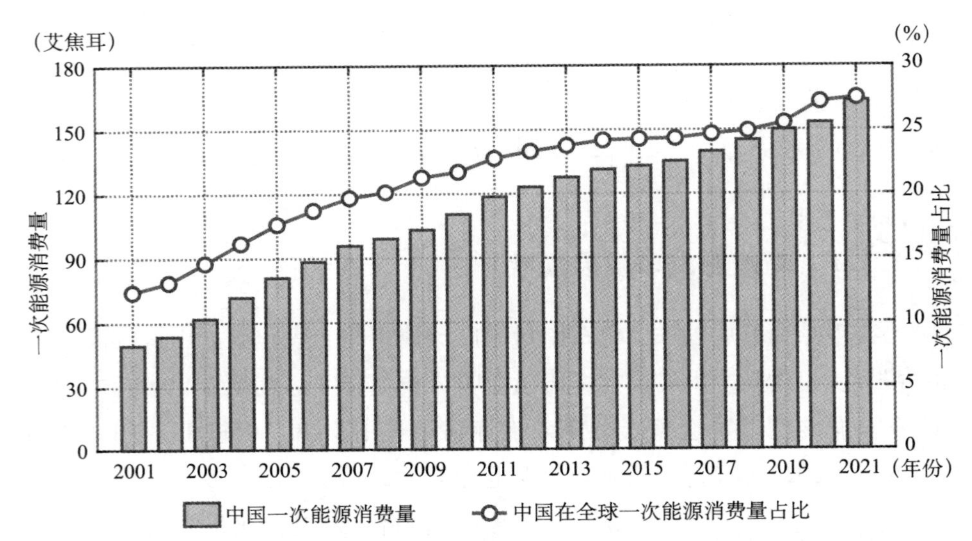

图1.1　2001～2021年中国一次能源消费量和占全球一次能源消费量比例

资料来源：《世界能源统计年鉴2022》。

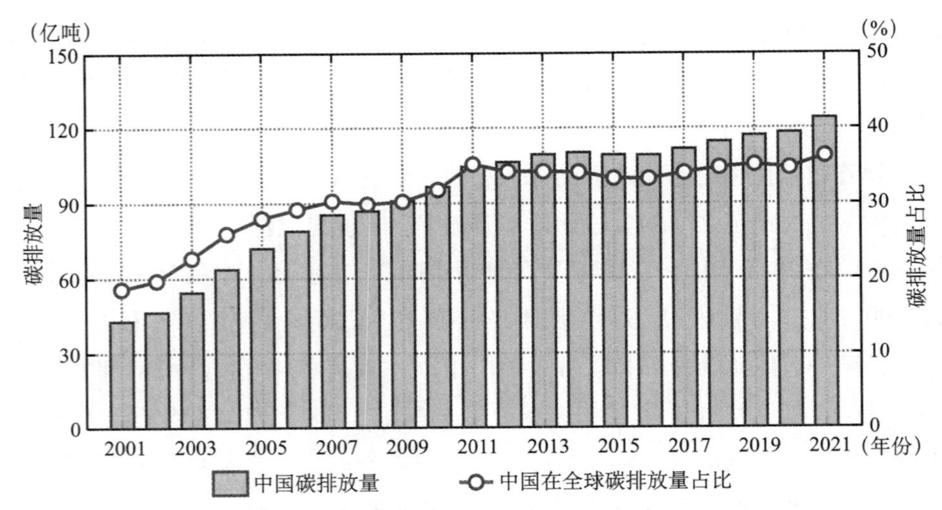

图1.2　2001～2021年中国碳排放量和占全球碳排放量比例

资料来源：《世界能源统计年鉴2022》。

在日趋激进的碳中和政策框架体系下，全球主要发达经济体纷纷加速交通领域零排放或低碳化转型，并将新能源汽车[①]产业作为经济复苏的动力，提出相应的发展目标和投资计划。例如，以德国、法国等为主的9个欧盟成员国成立电池产业联盟，推动供应链的本土化建设。美国政府重返《巴黎协定》，并提出2050年碳中和目标，要求乘用车及轻型货车50%的新车销售量在2030年为零排放车辆。

交通运输是我国节能减排的三大重点行业之一。据国际能源署统计，2018年中国交通行业终端能源消费量为13.69艾焦耳，碳排放量为9.25亿吨，约占全国总量的15.8%和9.7%。积极推广新能源汽车是全球共同应对能源供需矛盾和环境污染问题的战略举措，已成为当前汽车产业绿色转型的主要方向。在政策大力支持下，我国新能源汽车产业发展迅猛。如图1.3所示，据中国汽车工业协会统计，2023年我国新能源汽车产销量分别为959万辆和950万辆，同比分别增长35.8%和37.9%，占全球比重超过60%，连续9年位居世界第一位；市场渗透率达31.6%，已经提前完成《新能源汽车产业发展规划（2021—2035年）》中提出的“到2025年，我国新能源汽车新车销售量达到汽车新车销售总量的20%左右”这一目标。其中，新能源乘用车产销量分别为912.2万辆和904.8万辆，分别占全年乘用车总量的34.9%和34.7%。作为交通部门实现“双碳”目标的重要抓手，我国新能源汽车市场在长期仍将继续保持中高速发展态势。与此同时，新能源汽车产业的发展催生车用动力电池[②]需求快速扩张。2023年，全球动力电池装机量达到705.5亿瓦时，同比增长38.6%；中国动力电池装机量达到388亿瓦时（见图1.3），同比增长31.6%。

1.1.2　动力电池回收利用意义

随着新能源汽车的大量使用，作为关键部件的车用动力电池也迎来了前所未有的高速发展期。由于使用过程中电池容量和充放电效率下降等问题，

---

① 根据《新能源汽车生产企业及产品准入管理规则》，新能源汽车是指采用新型动力系统，完全或者主要依靠新型能源驱动的汽车，包括插电式混合动力汽车和纯电动汽车等。

② 本书统一将“动力蓄电池”简称为“动力电池”，是指为电动汽车动力系提供能量的蓄电池，包括锂离子动力蓄电池、金属氢化物镍动力蓄电池等，不包括铅酸蓄电池。

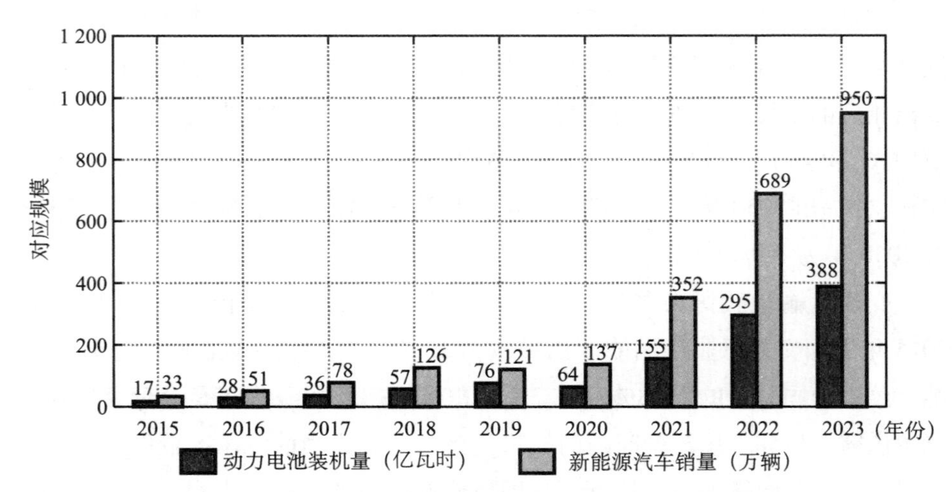

图 1.3　2015～2022 年中国新能源汽车销量及动力电池装机量

资料来源：中国汽车工业协会．数据统计［EB/OL］．［2024－01－11］．http：//www.caam.org.cn/tjsj.

其平均使用寿命约为 5～8 年，我国即将迎来动力电池规模化报废退役的时间点，为废弃物回收管理系统带来新的挑战。

（1）从安全层面来看，如若无法对于动力电池进行合理处置将引发安全隐患。一是触电隐患。由于动力电池的额定电压较高，人员在缺乏防护措施情况下接触易造成触电事故。二是燃爆隐患。动力电池在内外部发生短路的情况下，正负极间会产生大电流，导致高热、燃烧。三是腐蚀隐患。其所含的有机电解液易挥发，会与空气中的水分反应，进而产生有腐蚀性、刺激性的白色氟化氢烟雾。

（2）从环境层面来看，废旧动力电池的不当处置对于生态环境和人身健康均会带来威胁。一是重金属污染。电池正极材料中含镍、钴、锰等重金属，不经专业回收处理会通过食物链和生物富集效应最终进入动物体和人体，对中枢神经系统造成损害。二是电解液污染。六氟磷酸锂是目前广为使用的一种电解液溶质，属于易潮解的有毒物质，会对水源、土壤等造成巨大污染，且修复时间漫长、成本高昂。

（3）从经济层面来看，当动力电池容量衰减至初始容量的 80% 以下时，一次充电续航里程会明显减小，将不能完全满足汽车的动力需求，但经过检测、维护、重组等环节，仍可应用于其他对于能量密度要求不高的储能场景，如通信基站、光储充一体化充电站①、低速电动车等领域，从而有效延长电池的使用寿命。如若不能充分对其进行梯次利用，不仅会导致剩余电池容量利用效率的降低，还会给回收系统带来巨大的压力。

（4）从资源层面来看，动力电池产业对于有价金属资源需求旺盛。据国际能源署数据显示，1 辆纯电动汽车所需的矿产资源约为传统内燃机汽车的 6 倍。锂、钴、镍和锰在我国储量较为丰富，然而禀赋不佳。当前，其对外依存度已分别高达 79%、97%、92% 和 88%，已成为影响正极材料厂商竞争力提升、阻碍动力电池成本下降的重要因素。此外，我国的进口来源集中度高，地缘政治风险大。在 2021 年，中国 79% 的进口锂矿来自智利，95% 的进口钴矿来自刚果（金），90% 的进口镍矿来自菲律宾，47% 和 18% 的进口锰矿分别来自南非和澳大利亚。随着未来动力电池累计配套量的不断增加，其所含的这些宝贵金属如未得到有效再生利用，将造成巨大的浪费。

如表 1.1 所示，各国政府大力支持动力电池回收利用行业发展。我国已经出台了诸多政策与办法，其闭环回收利用体系已经基本形成，主要环节如图 1.4 所示。整车加电池的销售模式实现了动力电池所有权由汽车生产企业到消费者的变更。作为生产者责任延伸制度的主要落实主体，汽车生产企业在地级行政区域应至少建立或委托一家服务网点，负责收集废旧动力电池，并在集中贮存后将其移交至协议合作的梯次利用和再生利用企业。另外，汽车生产企业还应履行信息发布等责任要求，向社会公告该网点的地址和联系方式。在保证安全可控前提下，按照先梯次利用后再生利用原则，对废旧动力电池开展多层次、多用途的合理利用，降低综合能耗，提升经济效益。其中，梯次利用企业应根据剩余容量、充放电特性等实际情况作为判断依据，对符合梯次利用条件的废旧动力电池进行必要的检测、分类、拆解和重组。对不能进行梯次利用的废旧动力电池应按有关要求进行再生利用，一般可按照拆解、破碎、分选、冶炼等作业流程提取其中有价值的金属资源。

---

① 本书统一将“光储充一体化充电站”简称为“光储充充电站”。光储充一体化充电站是指，集合了分布式光伏、储能系统和充电桩的综合化充电站。

表 1.1　　全球主要国家动力电池回收利用政策

地区/国家	时间	政策文件	要点
欧盟	2023 年 6 月	《欧盟电池与废电池法规》	• 2030 年，使用的钴、锂、镍再生料分别不低于 16%、6% 和 6% • 2035 年，使用的钴、锂、镍再生料分别不低于 26%、12% 和 15%
美国	2021 年 6 月	《美国国家锂电发展蓝图 2021 ~ 2030》	• 实现锂电池报废再利用和关键原材料的规模化回收，在美国建立一个完整的具有竞争力的、更加安全的、更具韧性的锂电池回收价值链
	2022 年 8 月	《通胀削减法案》	• 动力电池中使用的关键矿物的至少 40% 的价值必须是①在美国或与美国有自由贸易协定的任何国家开采或加工；或②在北美回收，单车可税收抵免 3750 美元 • 到 2027 年，这比例将逐步提高到 80%
韩国	2021 年 9 月	《电气电子产品及汽车资源循环法案》	• 在京畿、忠南、全北、大邱等 4 个地区设立废弃物资源收集中心，收集汽车车主返还给政府的废旧动力电池，并测量其剩余价值后出售至私营部门 • 将废弃物资源收集中心运营委托给韩国环境公社
中国	2018 年 1 月	《新能源汽车动力蓄电池回收利用管理暂行办法》	• 落实生产者责任延伸制度，汽车生产企业承担动力蓄电池回收的主体责任 • 在保证安全可控前提下，按照先梯次利用后再生利用原则，对废旧动力蓄电池开展多层次、多用途的合理利用
	2018 年 7 月	《新能源汽车动力蓄电池回收利用管理暂行办法》	• 充分发挥区域互补优势，开展废旧动力蓄电池的集中回收和规范化综合利用，促进形成以点带面的协同发展格局，实现跨区域产业链融合发展 • 结合本地区新能源汽车保有量、动力蓄电池退役量等实际情况，统筹布局动力蓄电池回收利用企业，适度控制拆解和梯次利用企业规模，严格控制再生利用企业（特别是湿法冶炼）数量，促进产业可持续发展

续表

地区/国家	时间	政策文件	要点
中国	2019 年 10 月	《新能源汽车动力蓄电池回收服务网点建设和运营指南》	• 新能源汽车生产企业应在本企业新能源汽车销售的行政区域（至少地级）内建立收集型回收服务网点 • 在本企业新能源汽车保有量达到 8000 辆或收集型回收服务网点的贮存、安全保障等能力不能满足废旧动力蓄电池回收要求的行政区域（至少地级）内建立集中贮存型回收服务网点
	2020 年 1 月	《新能源汽车废旧动力蓄电池综合利用行业规范条件（2019 年本）》	• 镍、钴、锰的综合回收率应不低于 98%。 • 锂的回收率不低于 85% • 稀土等其他主要有价金属综合回收率不低于 97%
	2021 年 8 月	《新能源汽车动力蓄电池梯次利用管理办法》	• 梯次产品包装运输应符合《车用动力电池回收利用管理规范第 1 部分：包装运输》（GB/T 38698.1）等有关标准要求 • 鼓励梯次利用企业与新能源汽车生产等企业合作共建、共用回收体系，提高回收效率
	2022 年 1 月	《关于加快推动工业资源综合利用的实施方案》	• 强化新能源汽车动力电池全生命周期溯源管理，推动产业链上下游合作共建回收渠道，构建跨区域回收利用体系
	2023 年 12 月	《新能源汽车动力电池综合利用管理办法（征求意见稿）》	• 电池租赁运营机构、机动车维修经营者、报废机动车回收拆解企业、回收服务网点、回收经营者、综合利用企业及其他产生废旧动力电池的单位应在各环节履行相应责任，保障废旧动力电池的规范利用和环保处理

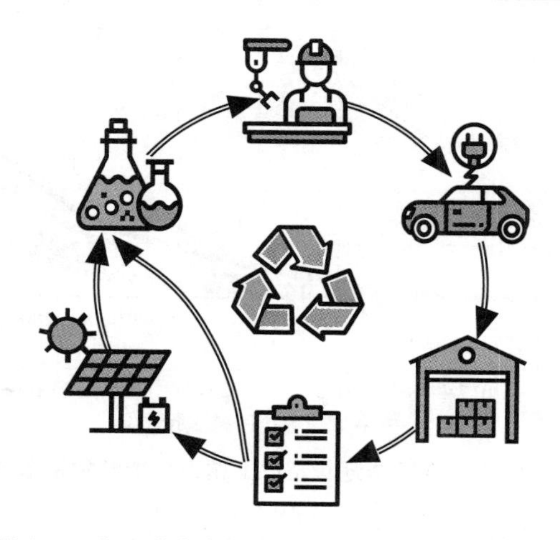

图 1.4　废旧动力电池闭环回收利用体系主要环节

1.1.3 动力电池回收利用市场发展问题

动力电池回收利用作为一个新兴领域，目前正处于起步阶段，主要存在如下突出的问题有待解决。

（1）退役动力电池的空间分布具有突出不平衡性。基于统计年鉴数据，本书以 337 个地级及以上城市的销量按照由小至大进行排列，销量累计占比情况如图 1.5 所示。其中，虚线代表各城市销量相等情况下的累计销量占比，曲线越靠近虚线则代表各城市的销量越为平均。总体来看，随着时间推进，各年的曲线与虚线之间的距离逐渐靠近，但仍相对较远，表明销量分布所呈现的集中趋势有所缓解。2016 年，5 个城市的新能源乘用车销量占比达到 50%；2021 年，18 个城市的新能源乘用车销量占比达到 50%。由此可见，各城市在新能源乘用车销量上仍然存在较大差异，进而导致退役动力电池的分布格局存在突出的空间不平衡性。

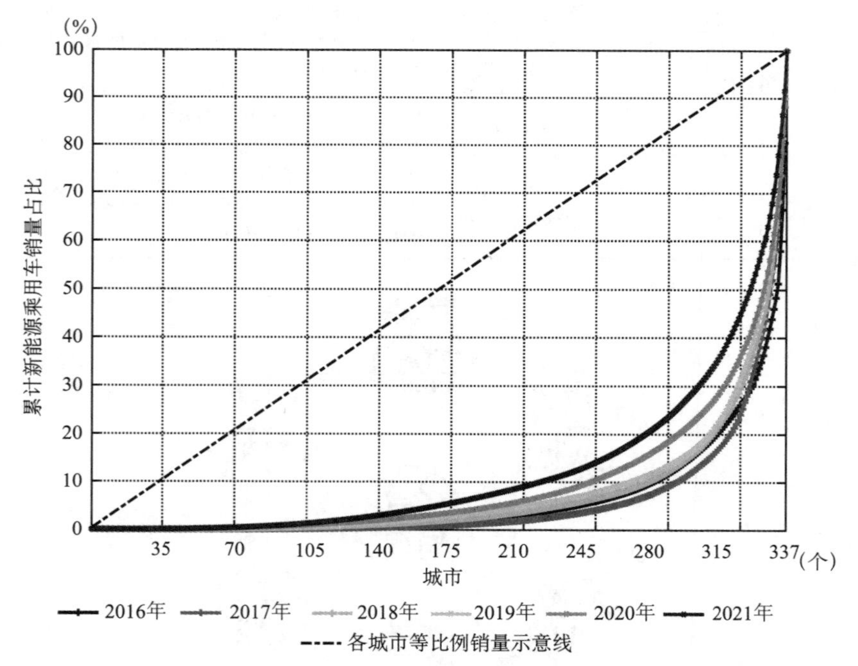

图 1.5 2016 ~ 2021 年 337 个地级及以上城市新能源乘用车销量占比情况

资料来源：EPSDATA 官网．市县数据［EB/OL］．［2022 - 10 - 08］．https：//www.epsnet.com.cn/index.html#/Index.

（2）退役动力电池梯次利用商业模式有待创新，以提高其经济性。我国已攻克和掌握了部分动力电池梯次利用关键技术，相关企业也在备电、储能等领域纷纷布局，梯次利用产业正处于由示范工程向商业化应用转变的过渡阶段。我国开展的实践项目和示范工程均显示其投资回报周期较长、商业优势不明显。如表1.2所示，政府出台的诸多政策也在积极鼓励此方面的发展。探索出可市场化推广的、具有盈利性的商业模式，既能提升终端市场梯次利用产品的经济效益和投资价值，又可加速反向推动废旧动力电池回收环节的完善。

表1.2 废旧动力电池梯次利用环节主要政策

时间	部门	政策文件	要点
2017年9月22日	中华人民共和国国家发展和改革委员会等	《关于促进储能技术与产业发展的指导意见》	• 对动力电池进行储能梯次利用研究，鼓励在用户侧建设分布式储能系统及相关商业模式探索
2018年7月25日	中华人民共和国工信部等	《关于做好新能源汽车动力蓄电池回收利用试点工作的通知》	• 引导产业链上下游企业密切合作，形成跨行业利益共同体，利用信息技术推动商业模式创新
2018年12月18日	京津冀三地政府	《京津冀地区新能源汽车动力蓄电池回收利用试点实施方案》	• 鼓励开展废旧动力蓄电池市场化定价机制等探索研究，探索线上线下残值交易等新型商业模式
2019年4月16日	湖南省生态环境厅等	《湖南省新能源汽车动力蓄电池回收利用试点实施方案》	• 以梯次利用、深度回收市场价值为基础，探索创新回收企业与综合利用企业之间的商业合作模式，提高新能源汽车动力蓄电池回收效益
2020年4月16日	中华人民共和国工信部等	《新能源汽车动力蓄电池梯次利用管理办法》	• 鼓励企业研发适用于基站备电、储能、充换电等领域的产品 • 鼓励采用租赁、规模化利用等便于梯次利用产品回收的商业模式

（3）废旧动力电池回收率较低，居民用户参与正规回收渠道的积极性不

高。当前，电池租赁、换电等车电分离的消费方式还处于探索阶段，整车加电池的捆绑销售模式在市场上依然处于绝对的主流。换言之，尽管汽车生产企业需要履行生产者责任延伸制度的要求来承担动力电池回收的主体责任，消费者在购买新能源汽车之后便实际上拥有了动力电池的终端所有权。虽然购车协议通常加入了客户有责任回收动力电池这一项条款，但在实际操作中并不具备约束力。如果动力电池在保修期内出现故障，消费者一般会主动联系汽车生产企业进行维修和更换。然而，如果在保修期之外，消费者并不一定愿意将废旧动力电池移交至汽车生产企业来进行后续处理。据工业和信息化部发布的新能源汽车动力蓄电池回收服务网点信息，截至 2020 年 9 月 30 日，全国共有 165 家新能源汽车生产企业设置了 12898 个回收网点，但从正规渠道回收上来的电池寥寥无几。据高工锂电统计，2019 年我国废旧动力电池的回收率仅为 24.8%。

这主要是由于现存的动力电池回收渠道中存在较多的非正规回收企业，如简易小作坊和挂靠于普通废旧物资回收公司名下的企业。这些非正规回收处理企业往往缺乏合规的营业资质和先进的工艺设备，在对废旧动力电池进行粗放拆解、简单修复、翻新包装后，将其中所含的贵金属转卖，其余部分丢弃为电子垃圾，或流向劣质电动自行车和手机充电宝领域。另外，由于相关监管体系还有待完善，这些非正规企业可以通过牺牲环境、降低技术要求来进一步降低相关处理成本，从而抬高回收价格来吸引消费者，以增加其在回收市场上的竞争优势。这不仅压缩了资质企业的盈利空间，扰乱行业规范发展的秩序，还给作业安全、人类健康、生态环境带来了极大的隐患。

（4）废旧动力电池的回收政策设计有待丰富和加强。出于对动力电池回收问题的重视，中央和地方政府都在积极完善相关的法律法规管理体系。如图 1.6 所示，基于政策工具的属性，这些措施可以分为溯源类、补贴类和惩戒类三种。其中，溯源政策旨在对动力电池或梯次利用电池产品进行编码标识，实现数字化身份管理及全生命周期追溯。通过技术资质评估，到 2024 年，根据工信部《新能源汽车废旧动力蓄电池综合利用①行业规范条件》企业名单（第五批），共有 63 家企业符合条件，它们普遍工艺流程复杂、设备

① 综合利用，是指开展新能源汽车废旧动力蓄电池梯次利用或再生利用业务。

成本高昂、排放标准严格。因此，补贴政策旨在提高白名单企业的竞争力，从而使其获得更大的市场份额，提高产能利用率，发挥规模效应。另外，未按照规定履行责任义务的企业将受到相应处罚。

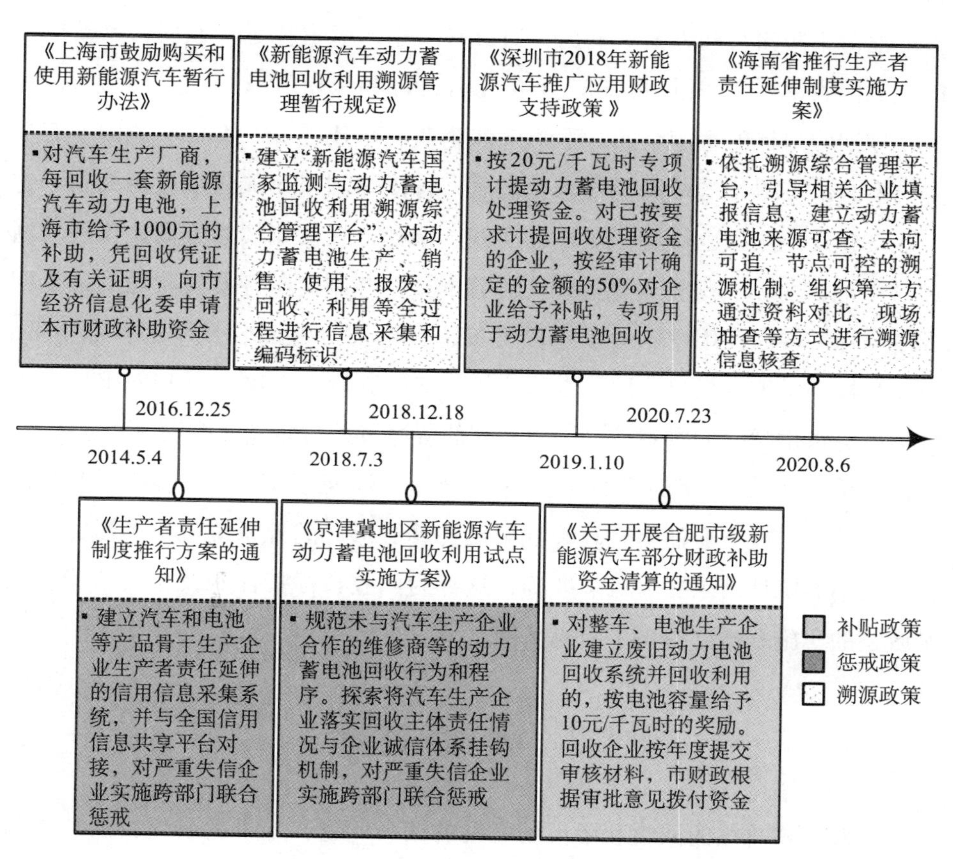

图1.6 废旧动力电池回收政策梳理

当前我国动力电池回收利用体系建设取得了一定进展，但是在回收政策的设计上还有待丰富和加强。首先，现有措施大多面向汽车生产企业，针对消费者侧的政策仍处于空白阶段。在《京津冀地区新能源汽车动力蓄电池回收利用试点实施方案》中提出："鼓励通过换一收一的方式回收质保期内的汽车维修电池；通过补贴等方式，从消费者手中回收质保期外、新能源汽车报废前的废旧动力电池"。该方案体现了激励政策向消费者倾斜的趋势。

其次，考虑铅蓄电池的回收产业发展情况已经比较成熟，与动力电池的物理、化学属性相类似，其回收管理政策也具有一定的参考意义和借鉴价值。目前，国家对其实行回收目标责任制，即制定发布规范回收率①目标。《废铅蓄电池污染防治行动方案》提出，通过落实生产者责任延伸制度，铅蓄电池的规范回收率到2020年和2025年要分别达到40%和70%以上；而对于未完成年度回收目标的生产企业，不予核准企业的新建项目，不得申请国家有关补助资金，不得享受相关税收减免优惠，将依照国家相关法规进行处罚。这一政策在其他国家也得到了较好的实践。例如，在法律体系方面，比利时通过《电池指令》将便携式电池纳入监管框架，并制定了各发展阶段的最低回收率目标。在居民用户侧激励手段方面，其废旧电池回收系统运营商Bebat不仅积极向学校提供电池回收方面的科普宣传资料，还建造了Villa Pila电池处理展览馆供学生们参观，以增强公众的资源节约与环境保护意识。据统计，该回收系统在2018年的回收率高达61.6%，远高于45%的欧盟计划目标。当前，动力电池产业的奖惩政策框架已初具雏形，溯源系统也在不断完善使得回收率的统计结果更为科学准确，这都为回收目标责任制及相关消费者激励政策的实施和推广提供了前提基础。

1.2 研究目的

针对上述总结的回收利用市场发展的四个问题，本书的研究目的总结为以下几点。

（1）基于创新扩散理论，本书因地制宜地预测中长期新能源乘用车市场的保有量和销量趋势，揭示退役动力电池的时空分布格局。具体来说，综合考虑气候条件、空气质量、减排压力、经济水平、市场基础、配套设施和政

① 回收率的具体公式如下（每年于3月底前提交上年度目标完成情况报告）：

生产企业回收率 =（当年废旧铅蓄电池自主回收量 + 合作回收量）÷前三年度国内销售量加权平均值 ×100%

进口企业回收率 =（当年废旧铅蓄电池自主回收量 + 合作回收量）÷前三年度进口量加权平均值 ×100%

策目标等影响因素，通过 K-Means 聚类统计提出分区域、分阶段的电动化发展目标；应用 Gompertz 模型和汽车存活规律曲线，模拟未来低速、中速和高速发展三种情景下的乘用车市场销量，建立 Weibull 分布模型对比分析各地区在退役规模、高峰期时间方面的差异。

（2）基于出行链理论和居民出行调查数据，本书对新能源汽车的起始充电时间、结束充电时间和日行驶距离特征量进行分布函数拟合，运用蒙特卡洛模拟法计算得到充电负荷需求，构建动力电池梯次利用的光储充充电站经济性评估模型。具体来说，以充电站净收益最大化为目标，采用 Benders 分解方法求解投资阶段和运营阶段变量，旨在对于储能系统容量、光伏系统容量、充电桩安装数量等基础设施进行优化配置，模拟不同季节和不同天气情景下的充电调度安排，从而测度废旧动力电池的梯次利用经济价值潜力，并为后续多主体仿真模型提供参数输入。

（3）在研读国内外相关文献的基础上，本书基于计划行为理论，构建居民用户废旧动力电池回收活动参与意愿的理论模型，设计具体题项并采用在线填写的方式开展问卷调查，以获取居民回收行为的表现特征数据。具体来说，基于结构方程模型这一实证研究方法，对理论模型及相关假设进行检验和修正，进一步识别了主观规范、自我认同、感知行为控制和经济回报四个方面的作用效果，并根据回收认知状况和回收态度偏好进行多群组划分，量化比较各因素在回收意愿的影响路径及敏感性程度的差异，并为后续多主体仿真模型提供参数输入。

（4）在复杂适应系统理论的基础上，本书以退役动力电池时空分布格局、梯次利用经济价值分析和居民用户回收意愿实证分析提供的数据结果为参数输入，基于市场参与者之间废物流、资金流、信息流的流向关系，构建了动力电池回收系统多主体仿真模型，以重点模拟居民用户、正规回收企业、非正规回收企业、政府主体的自主决策行为和交互作用机制。另外，本书还探究各激励政策引入以后微观主体的响应策略及宏观系统的演化过程，并基于此进行政策实施效果评估工作，对动力电池回收率、回收企业经营状况等指标进行定量化预测，从而为促进废旧动力电池回收市场的可持续发展提供政策建议。

1.3 研究意义

本书的研究意义主要有以下两个方面。

1. 理论意义

（1）不同于已有文献主要从政府政策、经济水平、配套设施等单一维度或者两个维度出发进行探讨，本书以“双碳”目标为导向，对于区域气候条件、空气质量、减排压力多方面不平衡性进行刻画，为乘用车低碳发展路线图的制定提供借鉴参考，进一步准确揭示退役动力电池的时空分布规律和动态发展趋势。

（2）与现有研究中储能系统容量既定这一前提条件不同，本书在考虑代表性情景中光伏系统发电量和日前电力市场价格相应变化的基础上，对于光储充充电站的设施配置规模、充放电策略进行了同时优化求解，不仅丰富了废旧动力电池梯次利用的典型场景研究，还有利于更为准确地测度其经济价值。

（3）有别于传统的完全理性人假设，本书在考虑有限理性行为因素的基础上，定量刻画和对比分析了不同类别的居民参与动力电池回收活动的影响因素、关系路径及敏感性程度，弥补了以往研究多从企业视角出发的不足，还有利于促进行为心理学和行为经济学等多学科的交叉。

（4）现有研究多将市场参与者抽象为单一代表性主体，本书在考虑多主体的地理坐标、决策规则等异质性特征的基础上，对回收系统内部各主体之间的非线性交互作用机理进行了探索，不仅耦合了时间与空间分析，还促进了微观主体行为研究和宏观政策设计研究的融合。

2. 现实意义

随着新能源汽车市场的快速发展，中国将面临大规模动力电池集中报废退役的时间点。当前，我国的回收利用市场仍处于初步发展阶段，亟须完善动力电池回收利用体系的构建。本书的实证研究和仿真研究均是在大量社会调查数据的基础上进行的，具有较强的基础性和实践性特点。另外，模型工具的开发可以为政府部门的相关决策提供参考，并提升政策制定的针对性、科学性和系统性，从而有效推动中国废旧动力电池回收利用产业的健康发展。

1.4 研究内容

第 1 章为绪论。本章主要梳理动力电池回收利用体系的发展现状和发展瓶颈，提炼出背后的关键科学问题，并介绍本书的研究目的、研究意义和技术路线。

第 2 章为相关理论与文献综述。本章阐述了相关研究理论，介绍了梯次利用经济性研究、居民动力电池回收行为研究、动力电池回收管理政策研究的进展。

第 3 章为退役动力电池时空分布格局研究。本章综合考虑气候条件、空气质量、减排压力等影响因素，预测各城市中长期的新能源乘用车市场的保有量和销量趋势，对比分析其在动力电池退役规模、高峰期时间方面的差异，并为第 6 章的多主体仿真模型构建提供理论依据与参数基础。

第 4 章为光储充型充电站模式下动力电池梯次利用经济价值测度研究。本章对充电站投资阶段和运营阶段对应变量、目标函数、约束条件进行了详细描述，介绍了 Benders 分解方法的应用原理和所求得的优化配置结果，测度了动力电池的梯次利用经济价值，并为第 6 章的多主体仿真模型构建提供理论依据与参数基础。

第 5 章为基于居民用户有限理性的动力电池回收意愿影响因素及其机理研究。本章阐述了结构方程模型的基本原理，提出相应理论模型，对问卷进行信度、效度、适配度检验和假设检验，最后以居民回收认知状况和回收态度偏好为特征展开多群组分析，并为第 6 章的多主体仿真模型构建提供理论依据与参数基础。

第 6 章为基于多主体行为决策模型的动力电池回收政策研究。本章介绍了居民用户、正规回收企业、非正规回收企业、政府主体的属性特征、决策规则和交互关系，并以北京市为例，开展了多种政策情景的模拟分析，探究回收率、企业经营状况等回收市场的动态发展变化情况，从而为动力电池回收政策的设计与实施提供科学建议。

第 7 章为结论与展望。本章对主要研究结论进行了归纳与总结，并提出未来可以进一步拓展的研究方向。

1.5 技术路线

基于上述研究目的和研究内容，本书的章节框架技术路线如图 1.7 所示。

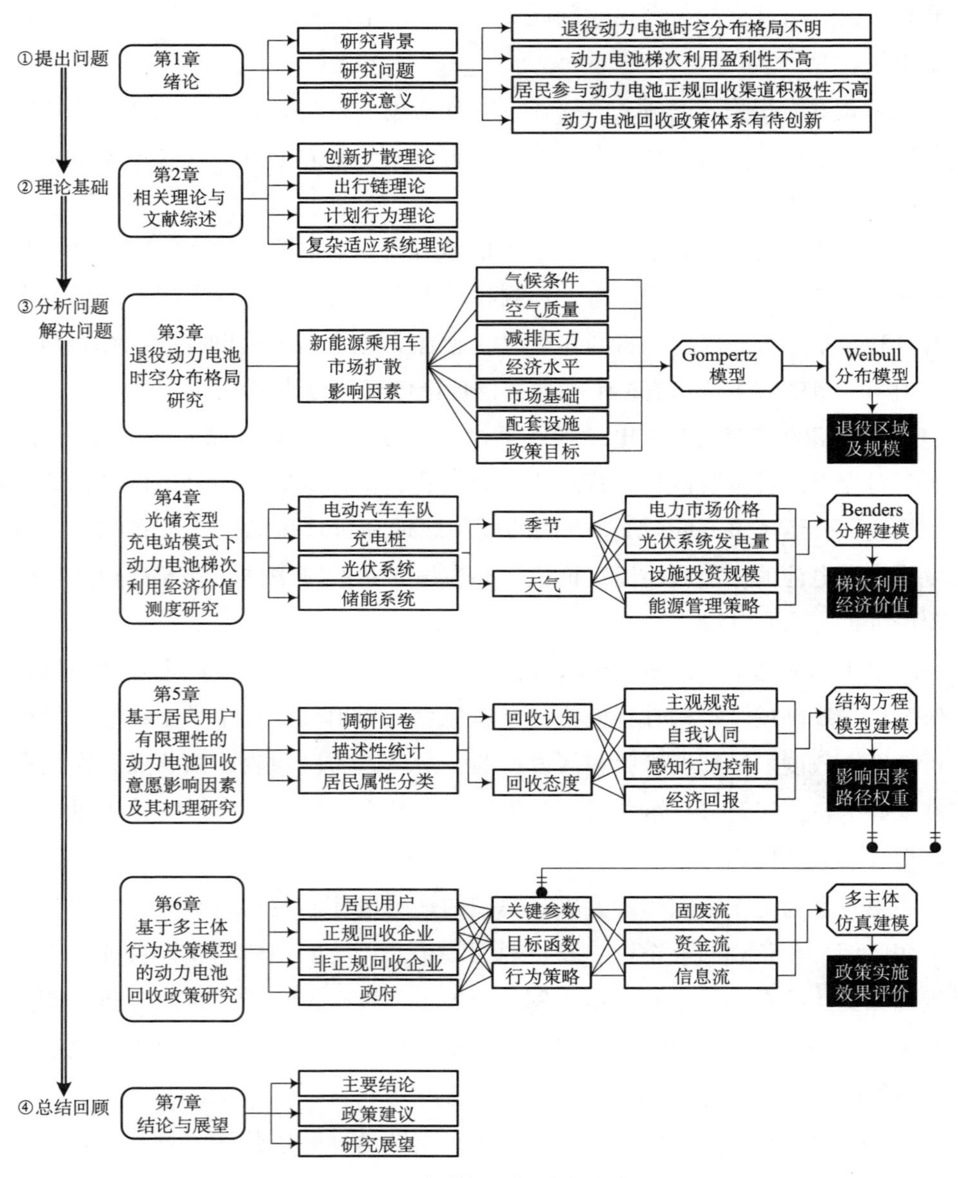

图 1.7　章节框架与技术路线

第2章 相关理论与文献综述

2.1 理论基础

2.1.1 创新扩散理论

创新扩散是指新的观念、实践或事物通过某种渠道在一定时间内在社会系统成员中进行传播并被成员接受的过程。具体来说，创新的扩散包括如下五个阶段：一是认知阶段，发现创新的存在并了解其功能；二是说服阶段：对创新产生兴趣并产生相应的喜恶偏好；三是决策阶段：做出接受或拒绝创新的决定；四是执行阶段：将创新投入使用；五是确认阶段：如果出现与先前矛盾的信息，强化或撤回之前关于创新的决策。另外，罗杰斯还提出了创新扩散的S形曲线，即在新技术的整个应用周期中，采用人数会呈现出正态分布的特点。

美国经济学家埃德温·曼斯菲尔德（Edwin Mansfield，1961）指出，随着时间的推移，采纳新技术的企业数量的增长趋势符合Logistic函数，同样遵循S型的成长路径。除此之外，还有学者将投资和绩效之间的关系纳入技术创新扩散的范畴中。研究结果表明，在投资新的产品或新技术开发项目的初始阶段，进展往往比较缓慢；在完成核心技术攻克后，一定的投资额度支持就可以推动技术进入到发展阶段；在逐渐逼近S形曲线顶端的极限中，从理性的投资回报率角度来看，应当逐步减少对其投资支出。我国学者也针对创新扩散理论开展了广泛的研究。例如，傅家骥和程源（1998）结合我国的经济结构、经济体制、经济组织等现实情况，对技术扩散影响因素进行了全面分析。陈国宏和王吓忠（1995）从学习论的角度出发，提出技术扩散实际上是较为低端的技术系统迈向更高级别技术系统的一个过程，这其中所存在的技术势差就是发生技术扩散所必需的条件。龚斌磊（2022）证实，随着资源禀赋、地理距离和行政管辖范围的扩大，技术扩散将显著下降且衰减速度极快，这加剧了“强者更强、弱者更弱”的分化局面。

相较于传统的内燃机汽车，新能源汽车在控制系统、电池技术、整车系统方面取得显著的技术突破。作为一种新兴技术，创新扩散理论适用于新能源汽车发展路径的研究，为本书提供了坚实的理论分析框架。

2.1.2　出行链理论

得益于现代化社会发展水平的不断提升，各种交通工具也随之应运而生。合理预测出行需求有利于为评估交通部门的能源消耗、基础设施建设情况、政策实施效果等提供量化依据和科学参考。相比于传统的交通行为理论，出行链（Trip Chain，TC）理论更加注重刻画出行行为的连续动态性，为该领域研究提供了崭新的视点和思路，受到了越来越多的关注。TC 理论的主要内容是，出行者为完成一项或多项任务，从起始点出发，将会按照一定的时间顺序经过若干个目的地，最终其将返回起始点形成一条完整的活动链。此种表征方式体现了在整个出行过程中，行为信息在时间、空间、方式上的相互关联和相互作用。

该理论主要涉及以下 3 种特征指标：一是出行链个数，即出行者每天所完成的完整活动链的数量。依据出行习惯差异，有些出行者每天仅会实现一条完整的活动链，而有些出行者可能会多次往返起始点而形成多条活动链。二是出行目的，即出行者执行活动的意图，主要可以归入回家（home）、工作（work）、购物餐饮（shopping & eating）、社交休闲（recreational activities）、其他事务（other family/personal errands）5 种类别。三是出行链长度，即出行者每天所参与的活动目的的数量。其中，将仅涉及一个中途活动出行目的地的活动链称为简单出行链（如“家→工作单位→家”），将出行过程包含两个及以上中途活动目的地的活动链称为复杂出行链（如“家→工作单位→商场→家”）。

另外，该理论主要包含以下两种类型的变量：一是空间变量，即用于描述出行者在行驶过程中所经历的地理位置移动情况的变量，如行驶起始点、行驶结束点和行驶里程等；二是时间变量，即用于描述出行者在行驶过程中所经历的事件发生长短和发生顺序的变量，如行驶开始时刻、行驶结束时刻、行驶时长和停驻时长等。

综上所述，TC 理论已经形成了较为完整、系统的分析框架，对于包括燃油汽车、电动汽车、城际列车等在内的诸多交通出行方式的能源需求预测研究具有重要的意义，并为众多学者所接受和采用，验证了该理论具有较强的学术价值。

2.1.3 计划行为理论

计划行为（theory of planned behavior，TPB）理论旨在从信息加工和期望价值这两方面的角度出发，对于个体的一般决策过程进行解释和预测。经过多年发展和不断完善，它已经成为消费者行为研究领域的经典理论框架。

首先，TPB 理论源于马丁·菲舍比（Martin Fishbein，1963）提出的多属性态度（theory of multi-attribute attitude，TMB）理论。该理论假设消费者对目标对象的态度取决于对目标对象的多个属性的综合评价，可以用于对消费者的态度进行判断和测度。TMB 理论主要包含三个核心要素：一是属性（attributes），即目标对象所拥有的特征，如汽车的价格、品牌和安全性能等；二是重要性权重（importance weights），即消费者对目标对象各属性的重视程度；三是信念（beliefs），即消费者对目标对象在特定属性上的看法。

1975 年，TMB 理论经过进一步的丰富和扩充，形成了理性行动（theory of reasoned action，TRA）理论。该理论的前提假设为人是理性的，人们在采取各种行动之前都会充分收集信息、合理加工信息、理智分析信息，最终这一系列的理由决定了人们实施行为的动机。TRA 理论的核心观点是，个体行为完全受个人意志控制，即行为直接由行为意向所决定，行为意向又受到行为态度和主观规范这两个因素的影响。然而，TRA 理论中的理性人假设过于严苛和理想化。在实际生活中，人们的行为有时是由于受到外界刺激的影响产生的，并非完全是理性思考后的结果表现，即非理性行为是普遍存在的。这也使得 TRA 理论无法对一些决策行为做出科学合理的解释，在很大程度上制约了其应用和推广范围。1985 年，爱斯克·贾泽恩教授进而将这些影响个人意志的因素分为两类。其中，内部因素包括个体差异、掌握信息能力差异、意志力坚定程度差异、对情绪控制程度差异和遗忘程度差异等；外部因素包括时间、机会、对他人的依赖等。

在经历前两个发展阶段后，爱斯克·贾泽恩（Icek Aizen，1985）在TRA理论的基础上，加入了“感知行为控制”这一非意志性因素，对原有的理论进行了改造，弥补了TRA理论中难以解释的不完全受意志控制的行为的不足，形成了后来广泛应用的TPB理论。该理论的基本框架如图2.1所示，主要包含以下5个要素。

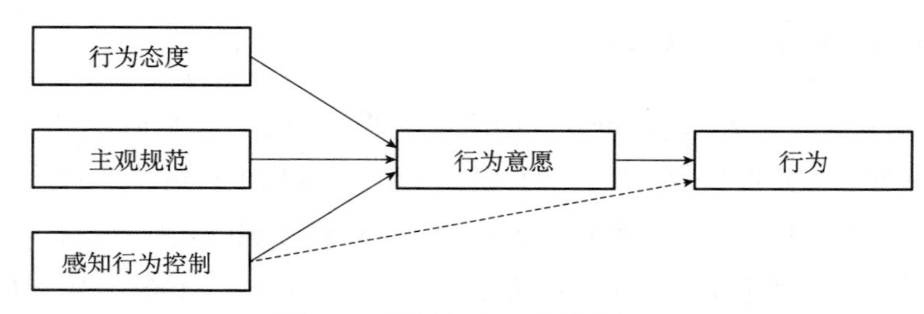

图2.1　计划行为理论研究框架

（1）行为态度（attitude toward the behavior），指的是个体对执行某一特定行为所持有的积极或消极的看法和立场。其行为态度通常受到许多因素的影响，这些因素也会对个体最终是否实施这一特定行为产生影响。如果个体对某种行为持正向态度，则执行这一行为的意图就会较为明显。

（2）主观规范（subjective norm），代表了个体采取某种行为时对于其他重要利益相关者意见的考虑，如亲朋好友、领导同事等，是其行为发生的参考标准与参照系统。通常而言，如果个体行为的主体规范越高，就意味着其感受到的来自外界社会的压力越大，该个体相应地更容易顺从他人的期望从而落实这一行为。

（3）感知行为控制（perceived behavior control），代表了个体在其自身实施某一特定行为时所感知到的难易程度判断，主要受到促进或者阻碍该行为实施的各种因素的影响，如个体所拥有的经验、所要求的能力、所掌握的资源、所需要的机会、所预期的障碍等。当个体的感知行为控制越高，则行为意图越强烈。此外，如图2.1中的虚线所示，如果个体的感知行为控制非常接近实际行为控制，也可能直接影响其具体行为的执行。

（4）行为意图（behavior intention），指的是个体对于执行某一特定行为的主观概率的判定。如果个体拥有较强的意图，则表明该个体很有可能去付诸实践。

（5）行为（behavior），是指个体切实实践某一行动的行为。

综上所述，TPB理论经过近40年的修正、丰富和完善，已经形成了比较成熟的分析框架，并为众多学者所认可，证实了该理论对实际行为具有较强的解释水平。这一理论最初主要是在营销学、心理学领域得到了应用，并逐步在经济学、管理学、行为学以及跨学科领域都得到了广泛的实践。

2.1.4　复杂适应系统理论

自20世纪80年代以来，复杂性科学的兴起不仅引发了自然科学界的变革，而且也日益渗透到哲学、人文社会科学领域，标志着系统科学的发展进入新阶段。其中，复杂适应系统（complex adaptive systems，CAS）理论，作为现代系统科学的代表性分支和重要研究成果，受到了学术界的广泛重视。

CAS理论由非线性科学先驱、遗传算法之父约翰·亨利·霍兰德教授在1994年出版的《隐秩序：适应性造就复杂性》一书中提出。该理论涵盖了微观和宏观两个层面。在微观层面，具有适应能力的、主动的个体（adaptive agent）能够不断“学习”和“积累经验”，以便更好地在客观环境中生存。在宏观层面，由适应性主体组成的系统将在主体之间以及主体与环境的相互作用中发展，呈现出涌现、非线性、层次结构等复杂的宏观系统演化过程。与传统的系统理论相区别，由于其更为注重系统内在要素间的相互作用，因此采取“自下而上”的研究路线。

围绕CAS理论的核心内容，霍兰德教授进一步提炼出4个关键的特性：聚集、非线性、流和多样性，以及3种交流的机制：标识、内部模型和积木。具体内容和概念表述有以下几个方面。

（1）聚集（aggregation），是指个体通过“黏合”（adhesion）形成多主体集合体（aggregation agent）的过程。第一层含义为，复杂系统内部性质相似的主体重新组合；第二层含义为，多主体集合体并不是简单的合并，也不是消灭主体的吞并，而是新类型、高层级个体的出现。

（2）非线性（non-linearity），是指适应性主体的未来行为和变化趋势会受到历史经验的影响，进而出现贯穿缠绕的正向、负向反馈作用，而不再是简单的直线式因果关系。在主体和系统或环境的重复、长期交互过程中，非线性特征将尤为明显，一个微小的变动都足以影响整个复杂系统的演化轨迹。

（3）流（flow），是指个体与系统之间、个体与个体之间的物质流、资金流、信息流等具体的资源动态流动特征，并非仅是局限于传统意义上的液体流概念。这些“流”的连接形式、畅通程度、周转速度，都将对系统演化产生重要的影响。

（4）多样性（diversity），是指适应主体是各不相同的，有着自己独特的知识结构、认知模式和潜在发展需求，再加上它们之间多样化的交互作用和组合方式，奠定了复杂系统内部的多样性特征。

（5）标识（tagging），是指使适应性主体聚集形成系统边界的隐性知识，其所发挥的作用就像是集结军队的旗帜或者吸引读者的标题。鉴于聚集行为不是随机形成的，而是有选择地进行的。因此，在实际系统分析和数学模型构建中都需要认真思考标识设置，以便为主体的特化和合作打下良好的基础。

（6）内部模型（internal models），是指适应性主体应对外部环境刺激、实施前瞻性探索时进行决策选择的依据。也即适应性主体可以根据系统输入的信息和内容，通过内部模型的运算，形成某种具体方式来调整“积木组合”。内在模型机制不是与生俱来的，而是在主体不断调整和适应的过程中逐渐形成和建立的。具体来说，鉴于外部环境是不断变化的，如果内部模型不能及时更新，很可能会产生路径依赖问题，阻碍系统由低层次向高层次演化的进程，因此内部模型需要不断完善以满足复杂系统持续发展的要求。

（7）积木（building blocks），是指系统构建内部模型的基本要素。复杂适应系统的运行过程可被视为不同积木组合的过程。系统复杂性的决定因素不是构件的大小和数量，而是构件之间重组的形式和频率。适应性主体通过内化外部资源可以对既有积木进行重新设计，使得简单的积木组合衍生出新的结构，并逐步发展为高级的积木组合。

与其他复杂理论相比，CAS 理论具有以下优越性。

（1）主体的能动性。在传统的系统论中，系统的组成部分一般称为要素、单元或部件，这些均是作为被动的局部概念提出的。而在 CAS 理论中，适应性主体这一说法充分考虑到了其根据外部信息变化不断对自身行为方式进行调整的特征，将个体的能动性提升到系统进化的基本动力的位置，从而成为研究和考察宏观进化现象的出发点。

（2）主体与环境的相互作用。在传统的系统论中，个体的属性是系统演化的主要驱动力。而在 CAS 理论中，个体与环境的交互关系是系统衍生出复杂性的根本所在，也是“整体”大于“部分”之和的原因。另外，环境不仅仅包含主体群之外的系统设置情况，每个个体彼此也互为环境。在系统演化的早期阶段，个体的发展潜力是相似的，但在内部波动、外部扰动的作用下，基本对称性被打破，从而发生由简单到复杂的转化。

（3）宏观与微观的有机结合。传统系统论一般利用统计规律将微观行为与宏观表现联系起来，比较适用于由自身结构和属性特征较为稳定的主体所构成的系统。而在 CAS 理论中，宏观和微观被视为系统中的不同层次，在主体能动性和外部环境的影响下系统的整体性能会显现出来，这种研究方式更符合生物、社会、经济系统的实际运作模式。

综上所述，CAS 理论已经形成了比较完整的理论体系，是复杂性研究领域的重大突破。它为人们认识、理解和研究复杂系统提供了新方法，在学术界产生了巨大的影响。这一理论最初主要是在生物医学和信息技术领域得到了广泛的应用，后来逐步地扩展到了社会学、管理学、经济学和交叉学科等研究领域。

2.2 建模工具

2.2.1 动力电池退役时空分布格局研究

国内外学者充分考虑新能源汽车的扩散路径、动力电池的使用寿命、容量大小和能量密度等影响因素，对于时空分布格局开展了量化研究。例如，徐成建等（2020）基于国际能源署提出的“既定政策场景”和“可持续发展场景”这两种交通电气化发展路径，在纯电动汽车和插电式混合动力汽车的电池容量分别固定为 66 千瓦时和 12 千瓦时、使用寿命线性增至 15 年的前提下，估算 2050 年全球的退役动力电池产生量。以国际能源署提出的 2030 年新能源汽车销量占新车销量 30% 这一路径为统一规划目标，假设中国、美国、欧洲和世界其他国家的新能源汽车使用寿命分别为 14.5 年、15 年、15 年以及 16 年，上述国家和地区在 2040 年的动力电池退役量预计将相应占到全球的29%、19%、20%和31%（Dunn，2021）。综合考虑微型、中型和运动型等细分车型，以其2017年的对应市场占比作为固定设置，在纯电动汽车和插电式混合动力汽车的使用寿命分别设定为8年和15年、各车型电池容量线性增长的前提下，欧盟国家需在2035年和2050年将动力电池处置能力增加至当前的5倍和45倍（Baars et al.，2021）。总结来看，现有文献主要从全球、国家等宏观地理尺度出发开展动力电池退役规模预测，并且多对部分影响因素进行固定设置以简化研究问题。

新能源汽车的发展存在较大的区域不平衡性，国家层面、基于固定情景设定的废弃物研究无法较好地兼顾其异质性，难以支撑本地回收处置设施的科学部署、保障退役动力电池的产生和消纳平衡。在区域层面上，目前仅有研究基于2009～2018年中国的新能源汽车销量统计数据，对于磷酸铁锂和三元锂电池材料电池的使用寿命进行区分，评估预测了2010～2036年20个省份的动力电池退役量。本书将进一步综合考虑我国各城市的异质性发展特点以及电池容量、使用寿命等不确定性因素，科学研判退役动力电池的时空分布规律和动态发展趋势，为制定差异化和精细化的废物管理战略提供决策支持。

2.2.2 动力电池梯次利用经济价值研究

优化模型通常用于求解条件极值问题，即在既定目标下有效地分配利用各种资源，已经成为评估动力电池梯次利用经济价值的成熟研究工具。

在电网储能场景中，颜宁等（2020）从电池健康度出发，根据分时电价政策、供需平衡关系等提出24小时安全裕度设定，构建了微电网群梯次利用储能容量配置模型，求解系统的功率输出，并计算了其整体投资成本。奚培锋（2020）建立了考虑动态安全裕度的系统优化控制模型，在各设施容量既定的前提下，以单个典型日为例，对梯次储能电池的充放电策略进行求解，并开展全生命周期内的经济性评估。孙威等（2017）以微电网经济效益、企业环保指数和能源损失指标为多目标，建立了一种考虑动力电池梯次利用的微电网容量配置模型，以单个典型日参数为输入，运用遗传算法求解了储能系统的最优容量。

在家庭储能场景中，相关研究构建了家庭能源管理优化模型，在光伏系统容量既定的情况下，以一户德国家庭的年用电需求数据为输入，求解最优的充放电策略，并讨论了上网电价、电池系统容量、名义折现率等因素的变动对于退役动力电池投资净现值的影响。鉴于不同类型的居民在电力消费负荷曲线上的异质性特征，相关研究构建了社区能源共享均衡模型，在光伏系统和储能系统容量固定的前提下，以四个代表日情景为例，求解最优的充放电策略，并核算了传统模式、共享电池模式、共享光伏模式、共享电池 + 共享光伏模式下居民储能领域废旧动力电池的梯次利用经济价值（Tang et al.，2018）。

随着新能源汽车规模的持续增长，推进充电基础设施建设的重要性日益凸显。现有关于公共充电站的研究主要关注于某几种设施及服务在特定商业模式下的影响。例如，V2G 技术的引入被证实不仅有利于稳定配电网的运行状态，还可以丰富充电站的收入来源（Neyestani et al.，2014）。在充电站侧协调太阳能、风能等作为电力供应来源在技术上是充分可行的，并且已经有广泛的商业实践（Novoa and Brouwer，2018）。当储能系统的价格在未来下降到一定水平时，将其与太阳能充电站进行结合是经济可行的（Figueiredo et al.，2017）。考虑梯次利用的电池储能系统相较于全新的电池储能系统具有成本上的竞争力，其在公共充电站这一场景有着较大的应用潜力。目前，相关探讨还相对较少。随着各种商业模式的发展，有必要加强对配套设施联合作用的认识。然而，鲜有研究将可再生能源发电、全新/梯次利用储能系统、慢速充电桩和快速充电桩置于同一框架下进行考虑，本书旨在丰富该领域的研究。另外，如表 2.1 所示，大多数针对公共充电站成本最小化的优化问题研究都是以设施配置规模固定作为前提条件。例如，在充电站已经配备了 1041 个快速充电桩、3480 块光伏模组和 1800 千瓦时全新储能电池系统的情况下，拉克尔·菲格雷多等（Figueiredo et al.，2017）开发了充电策略优化算法。但是，这种设置不仅忽略了初始固定投资和后续能源管理之间的交互关系，还消除了各种设施组合之间的差异性所在。因此，本书将放松这一假设条件，以更为准确地测度动力电池的梯次利用经济价值。

此外，在众多的求解算法中，Benders 分解已经发展成为一种系统的研究工具，将含有复杂变量的规划问题分解为线性规划和整数规划，利用割平面法分解出主问题和子问题，再通过迭代法求解最优值来解决大规模优化问题。

该方法被广泛应用于各个领域，包括机组扩张可行性分析、矿产上下游产能建设评估、医疗服务网络布局设计等。因此，结合出行链理论和 Benders 分解建模方法，对基于动力电池梯次利用的光储充充电站的充电负荷需求进行预测，并在考虑不同季节和天气情景下光伏系统发电量和日前电力市场价格随之变化的基础上，进行最优设施配置求解、充放电策略安排、经济性测度，具有重要的现实及理论意义。

2.2.3 动力电池回收意愿机理研究

鉴于当前还鲜有文献从居民视角探讨影响其参与动力电池回收活动的因素，本章节将梳理居民参与固体废物回收和低碳清洁活动等相近领域的建模工具，为动力电池回收研究提供参考。

1. Logistic 模型

Logistic 模型是一种广义的线性回归统计方法，其概率表达式明确直接，模型求解速度快，已经成为现代统计学中应用最为广泛的模型之一。例如，谢宏佐等（2012）对样本数据进行了 Logistic 回归处理，从个人因素、气候变化总体认知以及气候变化的原因、影响、国际、国内行动认知六个方面描述性分析和实证研究了国内公众应对气候变化行动意愿的影响因素。朱淀等（2014）以农户性别、年龄、受教育年限、对农药的残留认知、家庭蔬菜种植面积、蔬菜价格水平认知作为自变量，引入带罚函数的 Logistic 模型，考察农户施用生物农药的意愿，并对不同群组属性的农户对象提出了针对性的政策建议。帅传敏等（2013）构建了 Logistic 回归模型，检验了不同样本分类下的消费者对贴有碳标签的低碳产品支付意愿的差异，结果显示学历层次和月收入水平变量具有显著影响。王昕等（2012）运用 Logistic 回归模型分析了农户参与小型水利设施合作供给意愿的影响因素，结论表明社会网络、社会信任、社会参与这三个维度的社会资本对于其参与意向均有显著促进作用。陈绍军等（2015）采用 Logistic 回归模型对影响城市居民垃圾分类意愿和行为的因素进行了实证分析，发现分类意愿和分类行为之间存在差异，较高的分类意愿并不必然导致较高的分类行为，而分类行为能否实现主要取决于便利性、认知和态度。张斌等（2019）通过设计 Logistic 回归模型，揭示了居民选择网络平台进行电子废弃物回收的关键因素，结果表明感知便利性、态度和主观规范与其参与意愿呈正相关，而回收价格劣势是网络回收平台发展的主要障碍。

2. 结构方程模型

结构方程模型（structural equation modeling，SEM）由瑞典统计学家卡尔·费迪南德·古茨科（Karl Ferdinand Gutzkow，1967）提出，是一种建立、估计和检验因果关系的方法，可用于复杂的多变量数据的分析与研究，被称作统计学三大进展之一。

经过多年的发展，该工具已经被广泛应用于相关行为机制机理的研究中。例如，岑咏华等（2016）通过结构方程模型的检验分析发现，消息质量、消息源特性和感知可靠性会显著影响感知有用性，感知有用性和认知冲突会显著影响偏好态度，为进一步探索个人的认知行为、信息扭曲与决策偏见等提供实证依据和理论参考。芈凌云等（2019）建立了不同低碳知识对低碳行为作用机理的双中介模型，并运用结构方程模型进行实证检验，结果显示行动知识能直接驱动低碳行为，系统知识和效力知识只能通过低碳意愿或低碳能力对低碳行为起间接作用，这种机理差异是引发认知失调的原因之一。张化楠等（2019）构建结构方程模型识别了生态认知对流域居民参与生态补偿意愿的影响及作用机理，结果表明行为态度、主观规范和感知行为控制这三个变量之间彼此呈正相关关系，且都可以显著提升参与意愿，其中知觉行为控制的影响最为大。陈占峰等（2013）对北京市居民参与电子废弃物回收行为的影响因素和路径关系进行了探讨，并运用结构方程模型进行了验证，结果显示感知行为控制和经济成本的作用最为显著，而主观规范、收入、学历的影响并不显著。王凤等（2008）利用结构方程模型对陕西公众环保行为的现状和影响因素分别进行了检验，证明了环保重要性、环保知识、受教育程度对个人环保习惯和公共环保行为的影响均呈显著正相关，并且通过路径分析发现环保重要性是最显著的中介变量。施建刚等（2018）利用结构方程模型对于城市交通共享产品的使用行为进行了研究，提出行为态度、感知行为控制和主观规范在彼此相互影响的同时，还会对行为意愿产生显著正向影响，个人可持续发展理念经检验也会对实际使用行为有正向的调节作用。劳可夫等（2013）运用结构方程模型对影响消费者绿色消费行为的因素进行了拟合检验，发现消费者创新性的作用机制是通过影响消费者绿色消费的态度、主观规范和知觉控制来影响消费者的绿色消费意向，进而影响绿色消费行为。裴志军等（2019）将亲环境行为的情境因素扩展为与地点相关的社会心理变量，并构建了结构方程模型，以杭州市居民为调研对象，研究发现邻里关系和社区依恋对居民垃圾回收意愿有直接正向的影响作用，社区认同在影响过程中起调节作用。

与 Logistic 模型等传统的计量回归方法相比，结构方程模型具有更多的功能和优点。它可以针对多个因变量进行分析，并能同时分析各观测变量与潜变量、各潜变量之间的因子结构和因子关系，还可以刻画一个指标从属于多个因子或考虑高阶因子等复杂从属关系，实现了定量分析与定性研究的深度结合。虽然相关学者已利用结构方程模型工具对居民的低碳活动行为及固废回收意向进行了充分探索，但是与动力电池回收领域的结合仍有待补充拓展。另外，尽管这些研究对象有相似之处，但是与普通电子废弃物相比，动力电池具有经济价值高、污染大等特点，难以直接应用前人的研究结论。因此，结合 TPB 理论和结构方程建模方法，对居民参与动力电池回收活动的主要影响因素和关系路径进行探索具有重要的现实及理论意义。

2.2.4 动力电池回收系统研究

1. 博弈模型

博弈论经过长期发展已成为一种成熟的数学分析工具，适用于对利益相关者之间的互动关系进行建模和分析，已经被广泛应用于废旧动力电池回收系统的研究中。在将零售渠道和电池回收渠道进行整合的基础上，基于汽车生产企业和第三方平台组成的二级逆向供应链，卢超等（2020）构建了质量和需求双重风险下的废旧动力电池回收定价模型，设计了基于风险分担的完全补偿契约机制，使成员实现帕累托改进。考虑到退役动力电池的质量状态不确定性，王慧敏等（2021）以两个相互竞争的动力电池回收商为研究对象，构建了四种投资策略组合模式下的效益模型，探讨了投资金额和再生利用率对系统平衡稳定点和长期演化趋势的影响。另外，在回收机制设计方面，针对由汽车生产企业和 4S 店组成的二级闭环供应链，邱泽国等（2020）对这两个参与主体分别享有回收补贴的情景进行演化博弈分析，并探讨了回收策略选择。从废旧动力电池梯次利用企业和再生利用企业是否建立回收体系这一角度出发，侯治国（2020）建立了回收服务中心双寡头博弈模型，比较了不同市场情形下的最优回收价格和最优经济效益。在电池制造商、销售商、消费者、发电厂和贵金属回收站构成的闭环供应链中，郭明波等（2019）创建了集中式与分散式的决策模型，探讨了动力电池销售商回收模式下回收成本与补贴价格对供应链的影响。谢家平等（2020）构建了由动力电池生产商、整车制造商和零售商构成的三级闭环供应链系统，并结合环境保护税政策，探讨了单回收渠道和双回收渠道两种模式下各方的最优定价策略。在政府是否支持补贴政策、制造商是否建设逆向物流体系、消费者是否参与回收活动的决策集合下，彭频等（2020）开发了三方博弈模型，并通过均衡分析求解各主体的稳定优化策略。在无补贴、补贴回收商、补贴梯次利用商和补贴制造商四种模式下，刘娟娟等（2021）建立了考虑梯次利用市场的动力电池闭环供应链模型，研究了补贴对象、补贴金额和回收商规模效应对供应链各节点变量和利润分配的影响。以政策面向对象为分类，付志伟（2020）提出了补贴消费者、补贴制造商、补贴回收商、同时补贴制造商和回收商这四种方案，并构建了对应的斯塔克伯格博弈模型以探讨回收渠道总利润和参与主体利益的变化情况。在考虑消费者对于燃油汽车和新能源汽车进行离散选择的前提下，唐岩岩等（2019）以零售商回收模式为研究对象，进一步比较了无干预政策、补贴政策和奖惩政策这三种情景下的环境、经济和社会影响。

2. 优化模型

鉴于动力电池回收系统运行过程中的决策属性也符合离散变量的特点，混合整数优化模型在该领域也得到了应用。例如，王雷等（2020）在考虑到废弃物处理容量约束、物质流平衡约束的条件下，构建了回收网络建设优化模型，通过基因算法求解了碳税政策的引入对于最优局部的影响。李文玉等（2018）提出了区域库—中心库—回收中心/储能中心的网络结构设计，以运输成本最小化为目标，采用粒子群算法规划了区域库节点位置和最优运输量。

3. 多主体仿真模型

基于多主体的建模方法（Multi Agent-Based Modeling）源于 CAS 理论，其基本思想是刻画微观主体的策略响应和交互作用机制，进而对系统的整体行为进行模拟，是一种自下而上的研究工具。伍尔德里奇等（Wooldridge et al.，1995）总结了主体的四个主要特征：一是自主性，即 Agent 能够自主完成自己的目标或期望，具有控制属于自身资源和行为的能力，不受外界直接或间接的控制，这是它区别于普通对象、过程等抽象概念的基本表现；二是社交性，即 Agent 不是独立存在的，它们像人类一样在多 Agent 系统中凭借彼此能够理解的通信语言，进而获得其他 Agent 的包括属性、位置和状态等在内的信息，并与之进行交互、协商与协作，从而解决 Agent 在实现既定目标任务过程中资源、能力、冲突、效率等方面的问题；三是反应性，即主体可以通过相关模块感知周围环境和其他 Agent 状态的变化，并随之做出相应的反应；四是目标导向，即 Agent 在自身目标和愿望的驱动下采取主动行动。

如图 2.2 所示，基于 Agent 的建模仿真方法主要包括如下研究步骤：一是归纳目标系统的复杂性特征，确立仿真的目标及要求，定义所构建模型的边界；二是循环迭代以合理选择抽象层次，既要防止抽象层次过于精细造成信息冗余，也要防止抽象层次过于粗糙导致信息不足；三是设计具体的资源流协议，包括区分资源所属类型、定义资源流动模式、说明资源传递机制、统计资源数量；四是识别实体对象，并依据其具体特征和功能确定不同类型 Agent 的抽象表示形式，包括规定状态集合、外部输入集合、内部反馈输入集合、输出集合、规则库等；五是在综合考虑仿真系统应用要求和硬件环境条件的基础上，将基于 Agent 的模型合理分布到各个节点上，以反映多主体的天然并行性；六是依托软件平台上，对仿真模型进行编程和调试，以保证其顺利运行；七是制定仿真结果的评价机制，来验证模型的可信度、校核模型的合理性，并对模型中部分参数的进行调整，满足有效解决研究问题和反映现实情况的需求；八是对多次仿真实验的输出结果进行收集、统计和分析，归纳其所包含的重要信息，作为普适性结论的关键依据。

基于多 Agent 的系统建模具有以下突出优势：一是能够更好地反映社会、经济和环境系统的复杂性与适应性；二是采用的是自下而上的仿真方法，更加侧重于对系统中微观主体的行为进行模拟，会受到微观主体的价值观念、决策意图等因素驱动，更加符合现实世界的运行方式；三是以计算机平台为依托，结合其他微观模拟方法并有所发展，还扩充了对主体偏好、计划、作用关系的研究，具有较强的创新能力；四是与传统经济学不同，其突破了完全理性的概念，可以用于考察信息不完全主体在不确定环境下的决策特征，以及社会关系、体制机制等在系统发展中所发挥的作用。

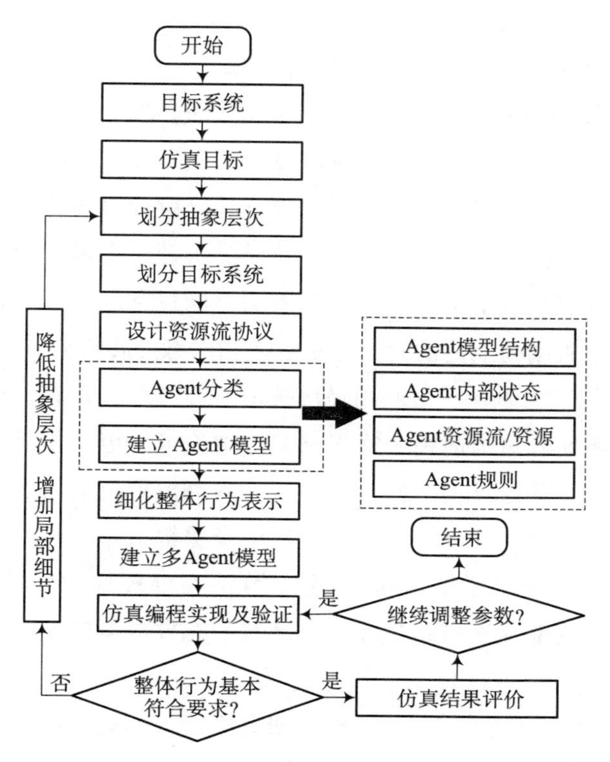

图 2.2　基于 Agent 建模仿真方法的一般流程

由于以解析、数值分析、归纳推理等为本质的传统建模工具难以解决复杂系统的研究问题，基于多主体的建模方法在很多领域受到青睐并得到了快速发展，如固体废物的处理，但其在废旧动力电池回收系统领域还未得到充分的应用与研究。目前，仅有郑春燕等（2019）借助该方法，提出了联合生产者建立大型回收中心和全国回收网络的设想，构建了动力电池全生命周期的仿真模型，并预测了未来十年电池累计存量及电池应用途径等指标变化规律。因此，结合 CAS 理论和多主体建模方法，对动力电池回收系统进行政策模拟和影响分析具有重要的现实及理论意义。

2.3　本 章 小 结

本章主要是从理论基础和建模工具两个方面对关于新能源汽车动力电池

回收利用研究的主要文献进行了回顾和述评，旨在阐释所研究问题的科学性、所选取方法的合理性。具体总结如下几个方面。

（1）在退役动力电池时空分布格局研究方面，现有文献主要从全球、国家等宏观地理尺度出发开展动力电池退役规模预测，鲜有研究对于区域不平衡性进行刻画，并且多对部分影响因素进行固定设置以简化研究问题。创新扩散理论为本书模拟新能源汽车市场扩散提供了理论支撑，同时将综合考虑各地区的发展特点以及电池容量、使用寿命、能量密度等不确定性因素，进一步准确揭示退役动力电池的时空分布规律和动态发展趋势。

（2）在退役动力电池梯次利用经济价值研究方面，现有文献多以单一情景和固定储能系统容量为前提。鉴于出行链理论可以更为充分地刻画出行行为在时间和空间上的连续动态性，其将作为本书模拟电动汽车充电负荷需求的理论基础。在考虑不同季节和天气情景中光照辐射强度和日前电力市场价格发生变化的基础上，鉴于 Benders 分解算法在处理优化问题上的适用性，其将被用来求解光储充充电站最优设施配置、充放电策略安排和梯次利用经济价值。

（3）在退役动力电池回收意愿机理研究方面，当前还鲜有文献从居民用户视角出发探讨其参与回收活动的影响因素。由于理性人假说难以对不完全受意志力控制的行为现象进行解释，而计划行为理论弥补了这一不足，其将作为本书编制居民回收行为调研题项的理论基础。在考虑居民回收认知状况、回收态度偏好存在差异的基础上，鉴于结构方程模型在量化研究因子结构和因子关系上的显著优势，其将被用来求解多群组类别下各因素对于回收意愿的影响路径及敏感程度。

（4）在退役动力电池回收系统研究方面，当前探讨居民用户、正规回收企业、非正规回收企业、政府这些多主体之间微观互动关系和宏观政策建议的文献还非常少。鉴于复杂适应系统理论更加注重主体之间以及主体与环境之间的相互作用，其将作为本书设计市场参与者之间流向关系、决策规则的理论基础。鉴于多主体仿真模型在反应系统复杂性、贴近现实上具有明显的优势，其将被用来模拟多种政策情景下各主体的自主决策行为和回收市场的动态发展趋势。

第3章
退役动力电池时空分布格局研究

本章旨在揭示退役动力电池的时空分布特征和动态演变规律。首先，系统地介绍了我国乘用车销量和保有量的历史演变趋势，明确所处发展所处阶段。其次，应用Gompertz模型和汽车存活规律曲线，基于人口和GDP发展水平，预测未来乘用车市场销量。最后，基于Weibull分布模型，对比分析中长期各城市在动力电池退役规模和高峰期时间方面的差异。

3.1 新能源乘用车市场现状

我国乘用车市场在经历了十余年的高速增长后，随着经济进入“新常态”，乘用车销量也进入到低增长和调整阶段。据中国汽车工业协会统计，2021年，我国乘用车销量达到2148万辆，保有量达到2.58亿辆，对应千人保有量为183辆/千人（见图3.1）。与欧美等发达国家相比仍有较大的差距。例如，在2021年，美国的乘用车保有量为2.90亿辆，对应千人保有量819辆/千人；欧盟的乘用车保有量为250亿辆，对应千人保有量466辆/千人。

在总体规模方面，如图3.2所示，在2015年和2022年，我国乘用车的销量分别达到2115万辆和2356万辆，新能源乘用车渗透率分别达到0.98%和22.2%，由此可得，新能源乘用车销量分别为21万辆和523.3万辆，年平均增长率为56%。

3.2 新能源乘用车市场扩散路径

乘用车电动化可显著减少城市移动源的碳排放贡献、有效降低对石油的依赖，是推动交通运输行业高质量发展、服务国家“双碳”目标的重要举措。中国幅员辽阔，各城市的自然、经济和社会基础差异巨大，在汽车电动

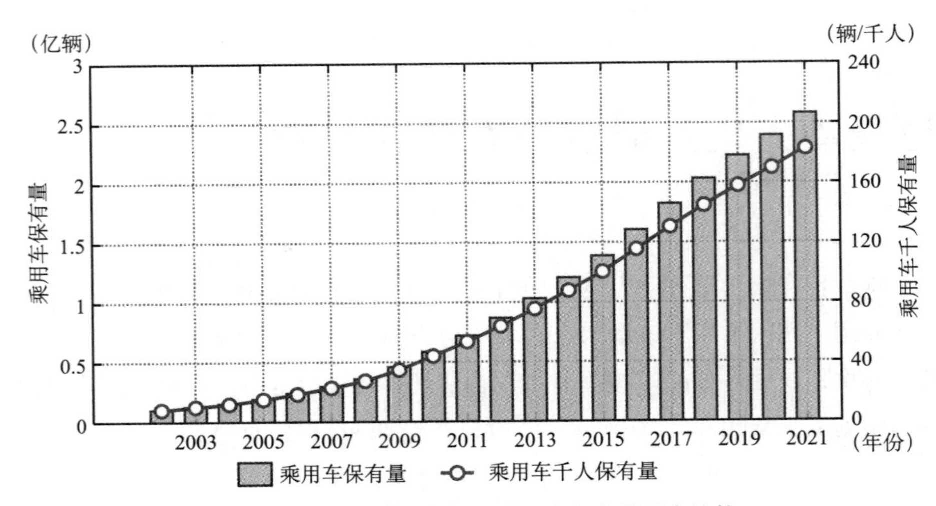

图 3.1　中国乘用车保有量及千人保有量历史趋势

资料来源：中国汽车工业协会．数据统计［EB/OL］．［2024－01－11］．http：//www.caam.org.cn/tjsj.

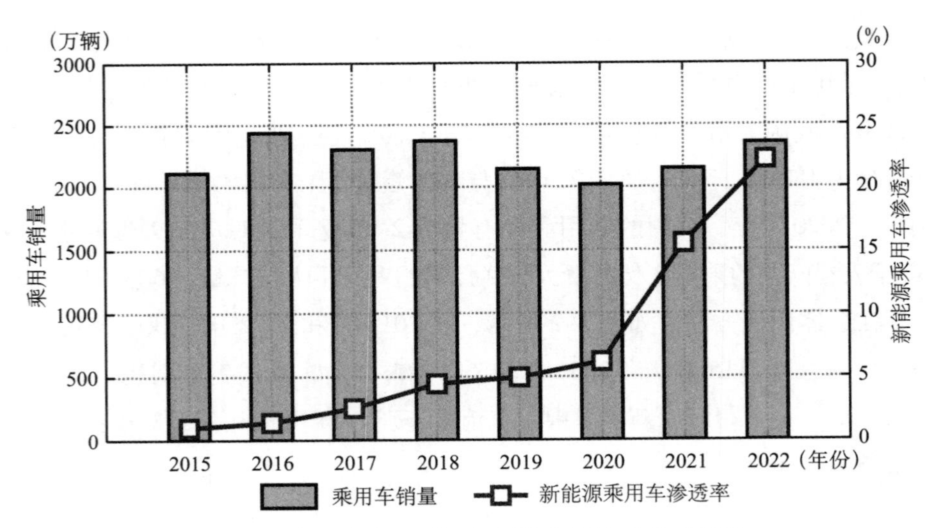

图 3.2　中国乘用车销量及新能源乘用车市场渗透率

资料来源：中国汽车工业协会．数据统计［EB/OL］．［2024－01－11］．http：//www.caam.org.cn/tjsj.

化发展目标的实现上有必要分区域、分阶段推进。综合来看，影响新能源乘用车市场扩散的主要因素包括以下七个方面。

（1）气候条件：在低温条件下，由于电池放电功率和放电电量显著下降、空调采暖增加能耗等原因，导致单次充电行驶里程往往较短。因此，在高寒地区推广新能源汽车具有一定的挑战。

（2）空气质量：交通运输部门是空气污染物的主要排放源。目前，颗粒物（PM2.5）浓度已经被作为体现大气污染情况的代表性指标。在世界卫生组织《空气质量准则》和国务院《打赢蓝天保卫战三年行动计划》中均将PM 2.5浓度作为重要指标之一。我国的城市机动车等移动源排放贡献了本地PM 2.5浓度的20%～50%。其中，深圳占比高达52%、北京占比为45%、广州占比为22%。

（3）减排压力：当前，各地市在积极推动经济社会发展全面脱碳，确保完成国家下达指标、“双碳”目标顺利实现。相比燃油乘用车，现有新能源乘用车每年在使用环节减少碳排放约1500万吨。

（4）经济水平：2023年，财政部发布关于修改《节能减排补助资金管理暂行办法》的通知，将新能源汽车推广应用补助资金由2022年延至2025年，以继续带动相关消费。新能源汽车在售价竞争力上仍有待提高。通常来说，人均GDP越高，则说明该地区的人均生产、消费和收入水平越高，经济活动越发达，人民的购买力也越强。

（5）市场基础：在社会生活中，个体为了减少信息搜寻成本容易产生依附群体的思想。换言之，群体成员对特定对象所形成的准则会对个体行为起到一定的指导和约束作用，也即“羊群效应”。新能源汽车渗透率高的地区，越有利于增加新能源汽车的可见频率、增进其他消费者对其技术水平的熟悉程度，进而激发技术采纳意愿。

（6）配套设施：我国充电基础设施快速发展，已建成世界上数量最多、服务范围最广、品种类型最全的充电基础设施体系。然而，充电基础设施仍存在布局不够完善等问题。建成覆盖广泛、规模适度、结构合理、功能完善的高质量充电基础设施体系，才能有力支撑新能源汽车产业发展，有效满足人民群众出行需求。

（7）政策目标：政府完全限制燃油车销售（即禁燃政策）是促进新能源汽车实现替代的最直接、最有力措施。例如，海南省提出到2030年，全岛全面禁止销售燃油汽车，公共服务领域、社会运营领域车辆全面实现清洁能源化，私人用车领域新增和更换新能源汽车占比达100%，成为我国首个提出汽车全面电动化路线图的地区。

3.3 模型构建

3.3.1 乘用车千人保有量预测

本书采用 Gompertz 模型进行预测。模型假定，千人保有量和人均 GDP 之间的映射关系呈现出 S 曲线形式。在人均 GDP 较低的阶段，千人保有量增长速度较为缓慢；随着人均 GDP 的增长，千人保有量的增长速度也随之加快；在后期，S 曲线逐渐趋于平缓，最终接近饱和。公式如下所示：

$$s(\mu_y) = \lambda e^{(-\delta e^{-\xi \mu})} \tag{3.1}$$

其中，s 表示乘用车的千人保有量，μ_y 表示在 y 年的人均 GDP，λ 表示乘用车千人保有量饱和值。δ 和 ξ 为 Gompertz 模型的特征参数，可以由乘用车保有量与人均 GDP 的历史值拟合得到。

3.3.2 乘用车残存率拟合

Logistic 模型适用于刻画机电类产品的磨损剩余过程，在车辆报废量预测中被广泛采用。本书采用 Logistic 模型拟合汽车残存率 r（m）：

$$r(m) = \frac{1}{1 + be^{cm}} \tag{3.2}$$

其中，r 表示汽车残存率，m 表示车龄，b 和 c 为曲线的特征参数。

3.3.3 新能源乘用车销量预测

乘用车销量、乘用车报废量和乘用车保有量三者之间有着密切的联系。当年的乘用车保有量等于前一年的乘用车保有量加上当年新车的销量。前一年的乘用车保有量是过往每一年出售的乘用车在前一年的累积残存量。因此，基于 3.3.1 中的乘用车千人保有量预测值 $s(\mu_Y)$ 以及 3.3.2 中的车辆存活曲线 r_m，可以应用式（3.3）和式（3.4）计算未来乘用车市场的年度销量情况。

$$stock(y) = \nu(y) \times s(\mu_y)/1000 \tag{3.3}$$

$$sales(y) = stock(y) - \sum_{t=x}^{y-1} sales(t) \times r(t-x) \tag{3.4}$$

其中，$sales(y)$ 和 $stock(y)$ 分别表示在 y 年乘用车的销量和保有量，

$s(\mu_y)/1000$ 将千人保有量折算为人均乘用车保有量，$\nu(y)$ 表示在 y 年的人口数量，$r(t-x)$ 表示在 x 年出售的乘用车到 y 年仍然在使用的比例。

新能源乘用车销量如式（3.5）所示：

$$NEVsales(y) = sales(y) \times \theta(y) \tag{3.5}$$

其中，$\theta(y)$ 代表在 y 年新能源乘用车占比规划目标。

3.3.4 动力电池退役量预测

Weibull 分布模型适用于刻画机电产品的可靠性和故障预测，在电器电子产品寿命研究中已有广泛运用。与此前研究相似，本书采用 Weibull 分布模型来确定动力电池在某一年的退役可能性，其概率密度如式（3.6）所示：

$$g(z) = \begin{cases} \frac{k}{\tau} \times \left(\frac{z}{\tau}\right)^{k-1} \times e^{-(z/\tau)^k}, z \geqslant 0 \\ 0, z < 0 \end{cases} \tag{3.6}$$

其中，z 表示动力电池的使用寿命，k 为形状参数，τ 为范围参数，可由式（3.7）和式（3.8）进行估算：

$$\left(\frac{Z_{ave}}{Z_{\max}}\right)^{k-1} = \frac{k-1}{k \times \ln 100} \tag{3.7}$$

$$\tau = Z_{ave}\left(1 - \frac{1}{m}\right)^{-1/m} \tag{3.8}$$

其中，Z_{ave} 为平均寿命，$Z_{\max}$ 为最大使用寿命，通常有 $Z_{\max} = 2Z_{ave}$。

在此基础上，动力电池的退役情况可以由式（3.9）~式（3.11）表示：

$$Q_{i,w}(y) = \sum_{z=1}^{Z_{\max}} batsales_{i,w}(y-z) \times g_{i,w}(z) \\ i = BEV, PHEV \quad w = LFP, NCA, NMC111\cdots \tag{3.9}$$

$$U_{i,w}(y) = \sum_{z=1}^{Z_{\max}} batsales_{i,w}(y-z) \times g_{i,w}(z) \times Cap_{i,w}(y-z) \\ i = BEV, PHEV \quad w = LFP, NCA, NMC111\cdots \tag{3.10}$$

$$J_{i,w}(y) = \sum_{z=1}^{Z_{\max}} batsales_{i,w}(y-z) \times g_{i,w}(z) \times Cap_{i,w}(y-z) \times Den_{i,w}(y-z) \\ i = BEV, PHEV \quad w = LFP, NCA, NMC111\cdots \tag{3.11}$$

其中，$Q_{i,w}(y)$、$U_{i,w}(y)$ 和 $J_{i,w}(y)$ 分别表示在 y 年退役动力电池的规模、容量和重量。$batsales_{i,w}(y-z)$ 指代在 $y-z$ 年随车销售的动力电池包数量，即取决于式（3.5）中的 $NEVsales_{i,w}(y-z)$。$Cap_{i,w}(y-z)$ 和 $Den_{i,w}(y-z)$ 分别表示其在对应年份的电池容量和能量密度。i 为新能源汽车的类型，包括了纯电动汽车和插电式混合动力汽车。w 表示动力电池的正极材料类型，包括 LFP、NCA 和 NMC 111 等。

3.4 参数设置

3.4.1 乘用车电动化目标

为了分区域、分阶段推进汽车电动化发展目标，对除我国港澳台地区外的 31 个省级行政区进行聚类统计。基于 3.2 中的分析，主要考虑表 3.1 中指标。

表 3.1 乘用车电动化优先等级影响因素及具体指标

影响因素	具体指标
气候条件	2021 年 12 月及 2022 年 1 月平均气温（摄氏度）
空气质量	2022 年平均每月 PM2.5 浓度（微克每立方米）
减排压力	2017 年 CO_2 排放（百万吨）
经济水平	2021 年人均 GDP（元）
市场基础	2021 年新能源乘用车渗透率（%）
配套设施	公共充电桩保有量（个）
政策目标	禁燃政策

本书采用 K-Means 算法对 31 个省级行政区进行聚类分析，基于肘部法则，选取曲线的拐点即 $K=5$ 作为最优聚类个数。通过对聚类中心特征进行观察，总结得到各类别主要特征如表 3.2 所示。

表 3.2 乘用车电动化优先等级划分情况

等级	特征	代表行政区	包含数量
1	市场基础好、政策目标激进	海南	1

续表

等级	特征	代表行政区	包含数量
2	市场基础好、基础设施完善、经济发展水平高	北京、广东、上海、浙江、天津	5
3	空气质量一般、碳排放压力较大、市场基础较好	河北、河南、江苏、山东	4
4	碳排放压力适中、市场基础和配套设施一般	安徽、湖南、福建、重庆等	12
5	气候条件较为不适宜、市场基础和配套设施一般	内蒙古、黑龙江、吉林等	9

基于各省相关规划，本书提出低速、中速和高速情景下，各地区乘用车电动化目标（见图 3.3）。将直辖市的和其余各省级行政区的乘用车千人保有量饱和值 λ 分别设定为 250 辆/千人、376 辆/千人。31 个省级行政区在 2002 ~ 2021 年的人均地区生产总值和乘用车千人保有量数据来源于《中国区域经济数据库》，各省级行政区的 Gompertz 模型拟合程度 R^2 良好，均值为 0. 9543，最大值和最小值分别为 0. 9917 和 0. 8451。

3. 4. 2　乘用车残存率

基于相关研究，本书采用的车辆残存率规律如图 3. 4 所示。在车辆进入市场后的前几年，车辆残存率保持在接近 1 的水平；随后进入快速报废期，存残存迅速下降；最终进入完全淘汰期，残存率下降到零。

3. 4. 3　动力电池属性

为缓解里程焦虑，本书假定动力电池容量在未来将呈现上升趋势，如图 3. 5 所示。对于一次使用寿命，纯电动汽车和插电式混合动力汽车的 Weibull 分布形状参数均为 3. 5，范围参数分别为由 2021 年的 8 线性增至 2050 年的 14，由 2021 年的 10 线性增至 2050 年的 16。基于相关研究，各正极材料的能量密度变化情况假定如图 3. 6 所示。高镍低钴预计是未来动力电池正极材料发展的主要方向。然而，随着磷酸铁锂刀片电池技术的研制成功，以及固态

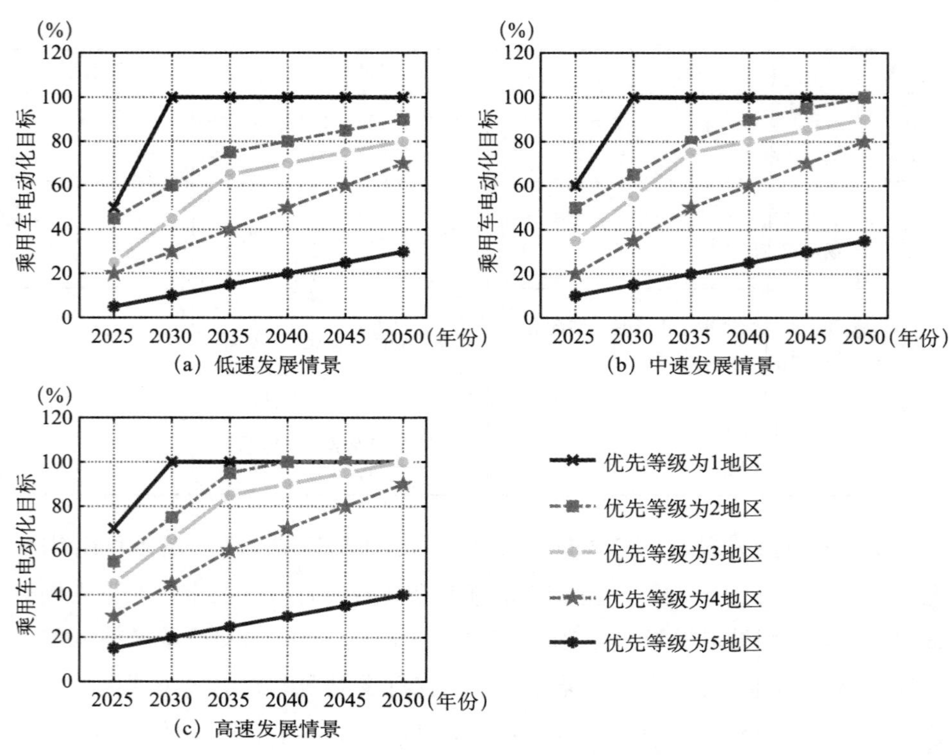

图 3.3 不同情景下各地区电动化目标

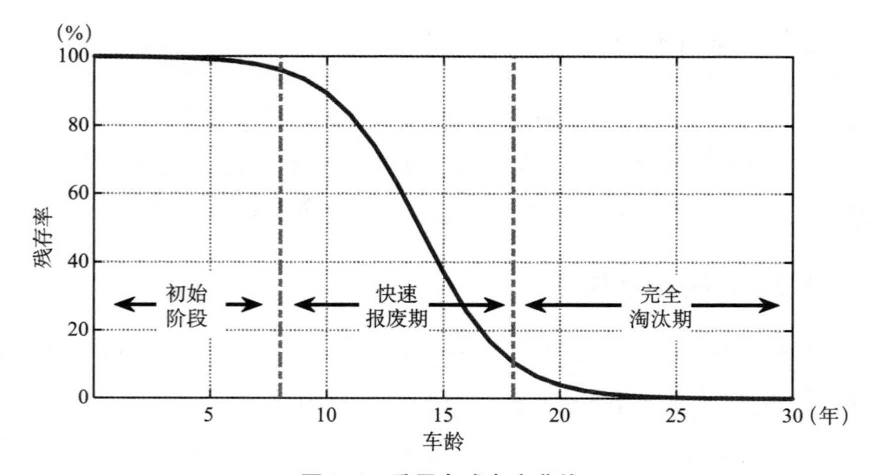

图 3.4 乘用车残存率曲线

电池商业化进程不断加速，进一步增加了正极材料市场占有率发展的不确定性。本书共提出 7 种路径，如图 3.7 所示。

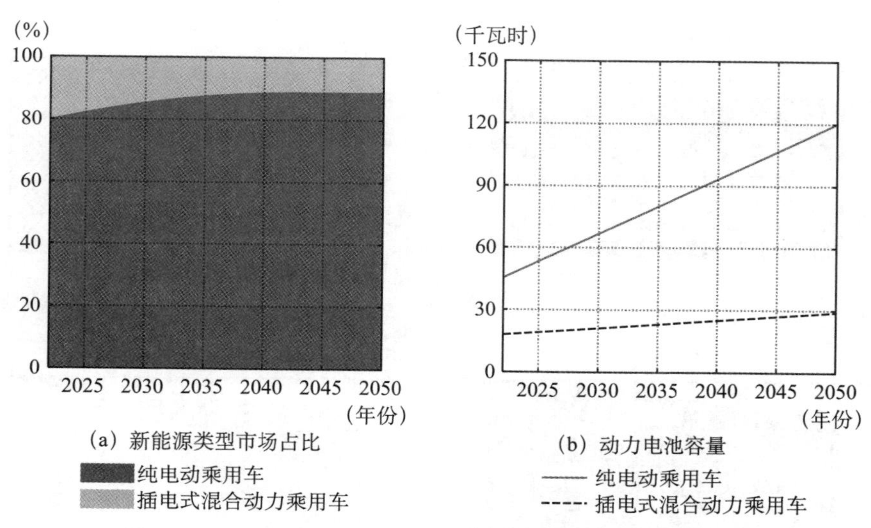

图 3.5　2022 ~ 2050 年新能源类型市场占比及动力电池容量

资料来源：笔者假定的发展路线趋势。

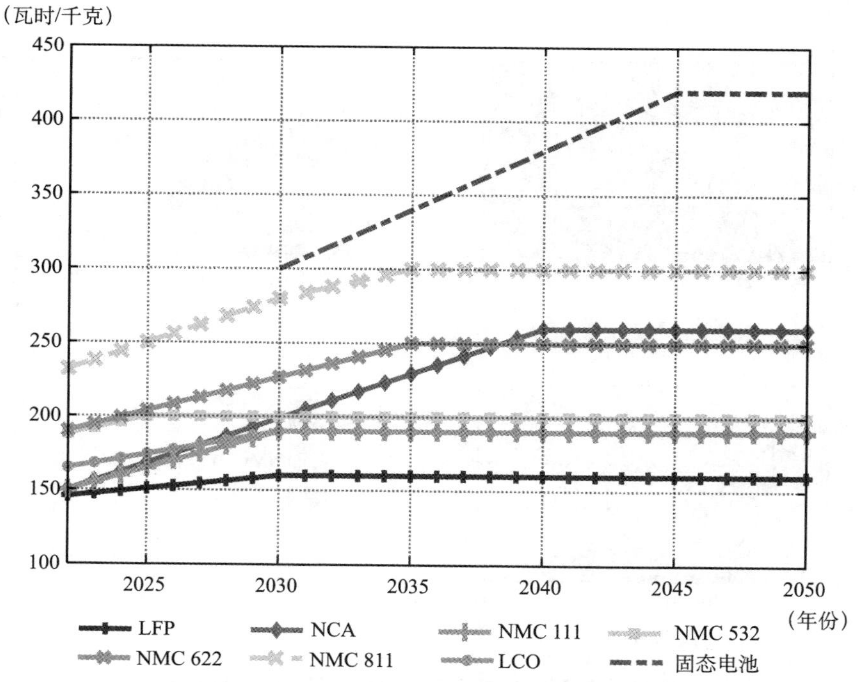

图 3.6　2022 ~ 2050 年各正极材料能量密度变化情况

资料来源：笔者假定的发展路线趋势。

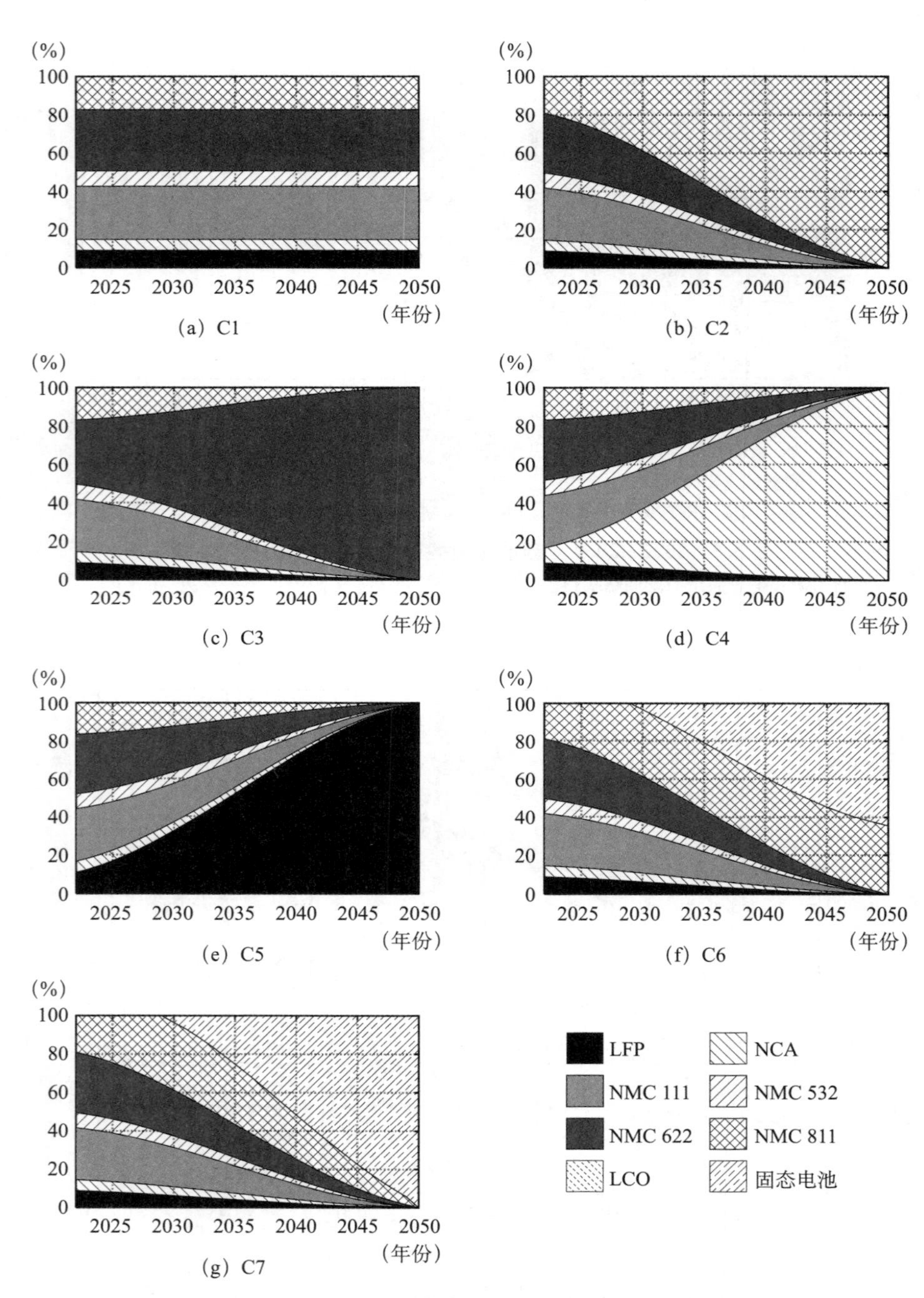

图 3.7　2022～2050 年各正极材料市场占有率路径

资料来源：笔者假定的发展路线趋势。

3.5　退役动力电池时空分布格局分析

3.5.1　乘用车保有量规模

本书以2016～2021年的新能源乘用车历史数据展开预测，共涵盖车型及对应电池产品约1500种，覆盖地级及以上城市337个。基于共享社会经济路径（shared socio-economic pathways，SSP2）下人口和经济发展模拟结果，预测各省份乘用车保有量，加总后得到全国情况。如图3.8所示，保有量将于2045年达峰，峰值为4.63亿辆，随后平缓下降。相关研究机构也预测乘用车保有量将在2050年左右达峰，峰值在4.4亿～5亿辆之间。

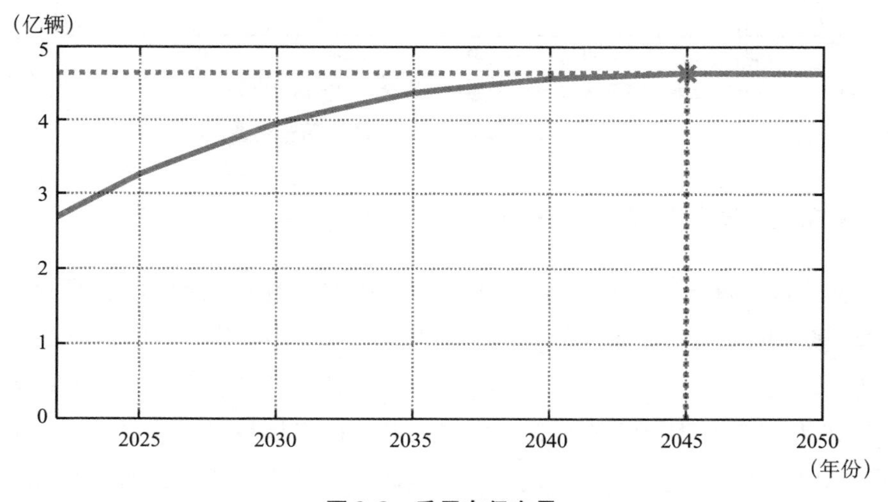

图3.8　乘用车保有量

3.5.2　新能源乘用车销售规模

基于3.5.1中的乘用车保有量结果、3.3.1中的乘用车电动化目标以及3.3.4中的乘用车残存率曲线，可以得到新能源乘用车销量，如图3.9所示。在低速、中速和高速的发展情景下，新能源乘用车销量均呈现上升趋势，在2030年的销量分别为1195万辆、1396万辆和1688万辆，在2050年的销量分别为 2209 万辆、2501 万辆和 2731 万辆。相关研究机构的预测结果显示，新能源乘用车销量在 2030 年将达到 1040 万～1300 万辆、1216 万辆、1200 万～1300 万辆。本书的研究结果与其较为相近。

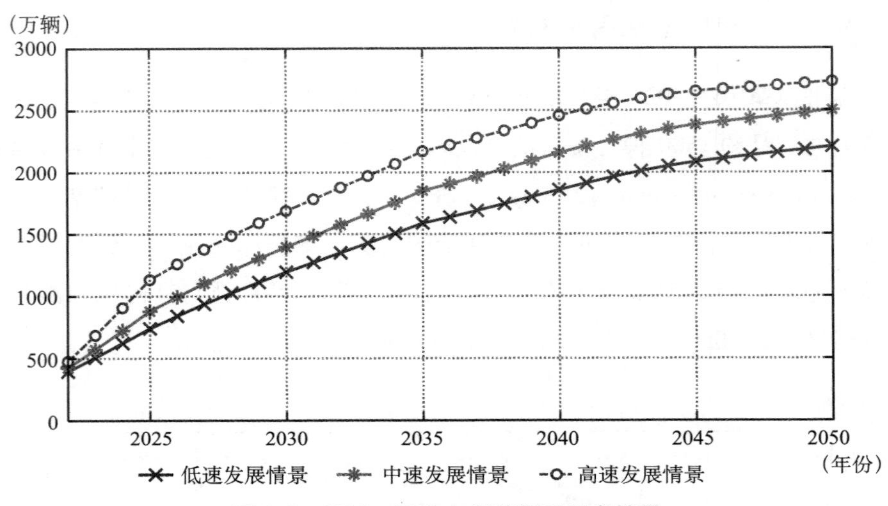

图 3.9　2022～2050 年新能源乘用车销量

3.5.3　退役动力电池规模

基于新能源汽车国家监测与动力蓄电池回收利用溯源综合管理平台，《2022 动力电池产业发展报告》预测，2022～2026 年平均每年的退役量为 16 万吨（26 亿瓦时），本书结果与其接近。应用 3.3.4 中的模型，预测结果如图 3.10 和图 3.11 所示，在低速、中速和高速的发展情景下，退役动力电池的规模均呈现上升趋势。退役动力电池包数量的平均增长率分别为 15.64%、16.28% 和 16.89%，在 2030 年分别为 2.6 百万套、2.9 百万套和 3.5 百万套，在 2050 年分别为 14.6 百万套、16.8 百万套和 19.4 百万套。由于各种正极材料的能量密度有较大差异，导致退役动力电池重量处于一定的区间范围。平均来说，在低速、中速和高速的发展情景下，其平均增长率分别为 17.16%、17.80% 和 18.41%。在 2030 年分别为 66 万～68 万吨、74 万～76 万吨和 87 万～90 万吨，在 2050 年分别为 417 万～662 万吨、474 万～768 万吨和 546 万～882 万吨。

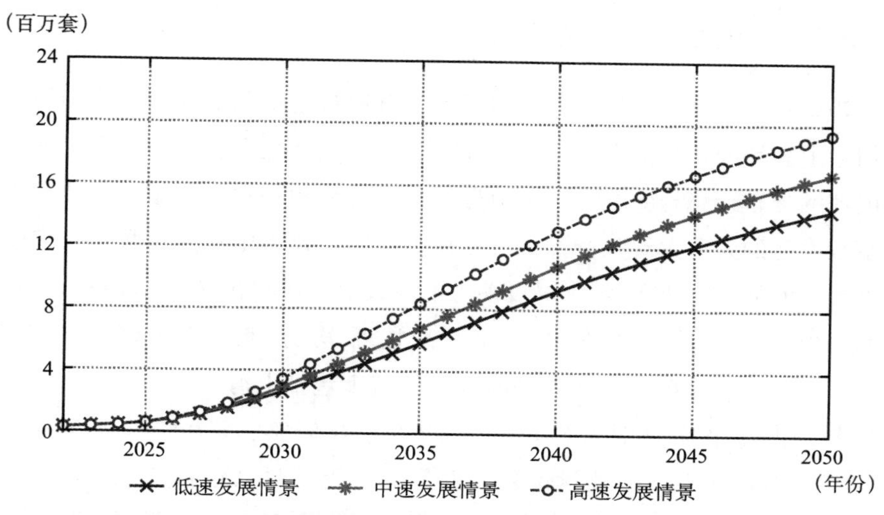

图 3.10　不同发展情景下 2022 ~ 2050 年退役动力电池包数量

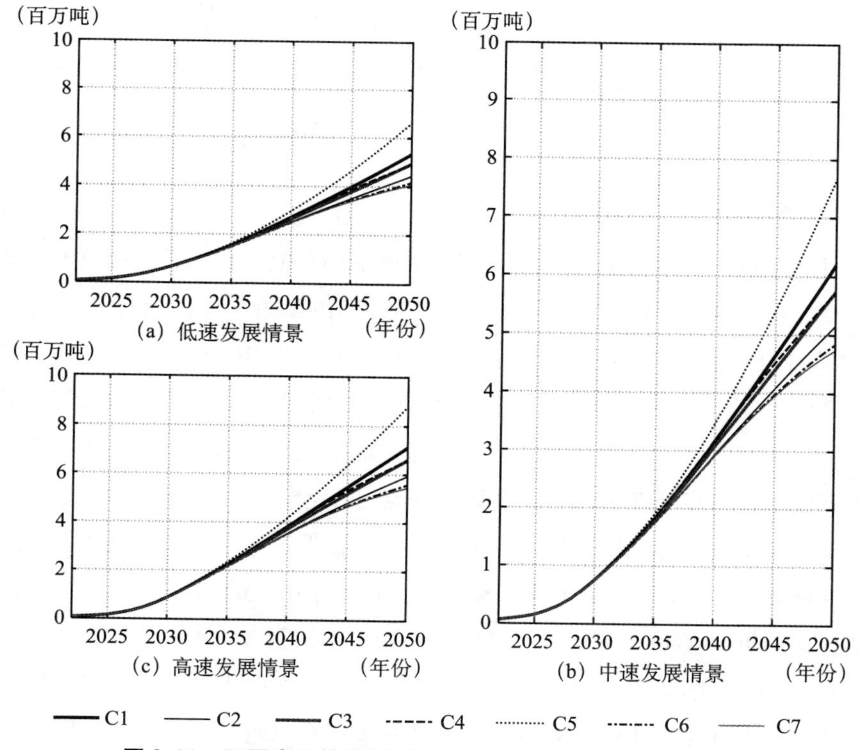

图 3.11　不同发展情景下 2022 ~ 2050 年退役动力电池重量

3.5.4 退役动力电池分布

2022～2050年，我国累计的退役动力电池包数量在低速、中速和高速发展情景下预计分别为1.95亿套、2.26亿套和2.69亿套。总体来看，退役动力电池的分布趋势与新能源汽车销量的分布趋势相一致，在短期主要集中在经济较发达的人口大省和特大城市，在中长期主要集中在人口数量较多的非直辖市。例如，在2025年，退役动力电池数量位列前五位的省级行政区包括广东、浙江、上海、山东和北京，占比平均分别为16.60%、9.49%、8.18%、7.29%和6.93%；位列前五位的城市包括上海、深圳、北京、广州和杭州，占比平均分别为8.18%、7.93%、6.93%、5.46%和4.53%。在2050年，退役动力电池数量位列前五位的省级行政区包括广东、山东、河南、河北和浙江，占比平均分别为13.46%、9.62%、8.78%、8.34%和7.51%；位列前五位的城市包括深圳、广州、郑州、成都和杭州，占比平均分别为6.91%、4.12%、4.07%、3.68%和3.59%。

3.6 本章小结

受到气候条件、空气质量、减排压力、经济水平、市场基础、配套设施、政策目标等现实因素的影响，各区域在推进乘用车电动化的进程中具有显著的差异性，导致退役动力电池在分布格局上呈现出明显的空间不平衡性。本章以“双碳”目标为导向，提出分区域、分阶段的汽车电动化发展目标，应用Gompertz模型、Logistic模型、Weibull分布模型等模拟得到共享社会经济路径下2022～2050年我国337个地级及以上城市的乘用车保有量规模、新能源汽车销售规模，进一步准确揭示了退役动力电池的时空分布特征和动态演变规律。

基于本章的研究结果得出以下结论：一是在低速、中速和高速的发展情景下，新能源乘用车销量均呈现上升趋势，预计2030年的销量在1195万～1688万辆，2050年的销量在2209万～2731万辆；二是退役动力电池在2030年预计达到66万～90万吨，在2050年预计达到417万～882万吨；三是2022～2050年退役动力电池主要集中在人口数量较多的非直辖市地区，深圳、广州、郑州、杭州和成都的占比分别为7.46%、4.47%、4.09%、4.01%和3.43%。

第 4 章

光储充型充电站模式下动力电池梯次利用经济价值测度研究

随着新能源汽车规模的持续增长，动力电池迎来报废高峰期。与此同时，推进充电基础设施建设的重要性也日益凸显，这为动力电池的梯次利用提供了广阔的应用市场。基于第 2 章所述的出行链理论及优化模型工具，本章将对光储充型充电站这一典型场景下的梯次利用经济价值进行测度研究。

4.1 充电站发展困境

在 2020 年，充电桩被正式纳入我国七大“新基建”领域之一，以激发新消费需求、助力产业升级。截至 2019 年 10 月，我国公共充电桩和充电站的保有量已分别达 48 万个和 3.5 万座。具体来说，在公共充电桩及充电站数量方面排名前五位的省级行政区域分别包括广东、江苏、北京、上海、山东，以及广东、上海、北京、江苏、浙江。虽然在 2015 ~ 2020 年间，公共充电桩的发展势头迅猛，年均增长率达 72.3%，但当前车桩比约为 3.4∶1，仍显著低于发展指南规划中提出的 1∶1 目标。随着新能源汽车规模的持续增长，推进充电基础设施建设的重要性日益凸显。然而，公共充电站项目收益低、成本高，投资回收期普遍为 17 ~ 26.5 年，盈利难成为了其发展路上最大的掣肘之一。另外，慢速充电桩在当前市场中仍然占主导地位，导致充电时间冗长，不能够有效缓解用户的里程焦虑。以电池容量为 40 千瓦时的日产 e－NV200 为例，在快速充电和慢速充电两种模式下，分别需要 40 分钟和 7 小时实现由 20% 增至 80% 的电量充入。但是，快速充电桩的高昂成本降低了其作为设施选择的吸引力。而大功率快充和有序慢充体系的结合将是未来充电模式的发展方向。另外，我国目前各类充电设施多为单向充电，还难以实现车辆到电网（vehicle to grid，V2G）技术的应用，也进一步限制了公共充电站的经济效益。

如表4.1所示，光储充一体化充电站得到了国家和省级层面的众多政策支持。通过能量存储和优化配置，该种商业模式可以实现本地能源生产与用能负荷基本平衡，有利于促进新能源汽车产业与可再生能源高效协同发展，已经成为能源行业清洁低碳转型的重要方向。

表4.1　　光储充一体化充电站主要政策

时间	部门	政策文件	要点
2020年4月10日	山东省济南市发展和改革委员会等	《加快推进全市　新能源汽车充电基础设施建设的实施意见（征求意见稿）》	◆鼓励“光储充”一体化充换电设施发展。通过智能充放电等提供增值服务，将收入用于充电基础设施建设和运营，提升充电基础设施可持续发展能力
2020年7月8日	福建省发展和改革委员会等	《进一步加快新能源汽车推广应用和产业高质量发展推动“电动福建”建设三年行动计划（2020—2022年）》	◆加快完善电力辅助服务市场政策体系，推进光储充一体化项目建设，推动储能商业化应用
2020年11月2日	中华人民共和国国务院办公厅	《新能源汽车产业发展规划（2021—2035年）》	◆推动新能源汽车与气象、可再生能源电力预测预报系统信息共享与融合，统筹新能源汽车能源利用与风力发电、光伏发电协同调度，提升可再生能源应用比例 ◆鼓励“光储充放”（分布式光伏发电—储能系统—充放电）多功能综合一体站建设
2020年11月19日	安徽省合肥市人民政府	《关于加快新能源汽车产业发展的实施意见》	◆探索新能源汽车、充换电站、储能站与电网能量高效互动的示范应用，鼓励建设光储充放（分布式光伏—储能系统—充放电）多功能综合一体站

考虑梯次利用的电池储能系统相较于全新的电池储能系统具有成本上的

竞争力，其在这一场景有着较大的应用潜力。例如，国家电网公司在天津市武清区、杭州市余杭区、南京市六合区均投资建设了基于退役动力电池的光储充一体化电动汽车充电站。然而，由第 2.2.1 节的总结可知，目前相关探讨还相对较少，鲜有研究将可再生能源发电、全新/梯次利用储能系统、慢速充电桩和快速充电桩置于同一研究框架下进行考虑。另外，大多数针对公共充电站成本最小化的优化问题研究都是以设施配置规模固定作为前提条件。本章将放松这一假设条件，以更为准确地测度退役动力电池的梯次利用经济价值，并为第 5 章的仿真模型构建提供理论依据和参数基础。

4.2 问题描述

4.2.1 研究框架

如图 4.1 所示，本书假设充电站是从零开始投资建造的。此外，如果各设施已经安装到位，但是由于充电需求激增而需要扩大现有规模，模型也可以进一步修改以适应此种情形。

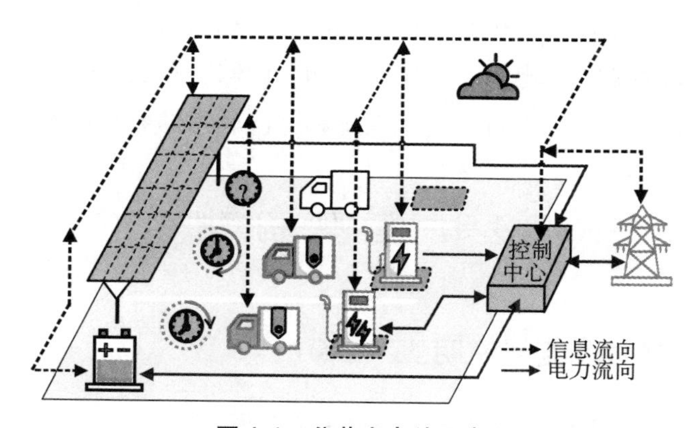

图 4.1　公共充电站示意

公共充电站运营商需要针对设施投资和业务运营作出最佳决策。

(1) 在第一阶段，面对场地空间限制和潜在充电需求，运营商应部署特定数量的充电桩和其他辅助设施，如光伏系统、全新/梯次利用储能系统等。

（2）在第二阶段，鉴于设施规模已确定，运营商需要保证其有效运行。具体来说，基于车队所有者的历史驾驶行为，运营商可以提前预测充电需求。在鲜花和包裹递送等行业，提供充电服务已经发展成为运营商和车队所有者之间的商业化协议。为了确保合同的履行，运营商除了竞价一定电量外，还将适时采取一些充放电策略，包括安排停车时间窗口、选择充电桩接入类型、指定充电电量等。本书以日前电价作为响应环境，一方面是因为充电基础设施的投资决策普遍基于风险较小的充电价格合同，另一方面这也反映了它在批发市场的主导地位。

4.2.2 情景设置

在设施选择方面，慢速充电桩和快速充电桩是必不可少的组成部分。基于当前市场上的主流充电桩产品类型，加之主要的双向电力传输试点项目所涉及的额定功率相对较小，故本书假设只有慢速充电桩具有 V2G 功能。考虑其他辅助设施的技术可行性和实际应用情况，本书提出一种传统商业模式和三种混合商业模式，具体有以下四种。

（1）S1 代表集成充电桩的公共充电站。

（2）S2 代表集成充电桩和光伏系统的公共充电站。

（3）S3 代表集成充电桩、光伏系统和全新储能系统的公共充电站。

（4）S4 代表集成充电桩、光伏系统和梯次利用储能系统的公共充电站。

4.3 模型构建

4.3.1 参数和变量说明

该章模型中所出现的符号含义均如表 4.2 所示。

表 4.2　命名表

类别	符号	含义	符号	含义
集合	j	电动汽车编号 $j=1,\cdots,J$	t	小时编号 $t=1,\cdots,24$
	ω	典型情景编号 $\omega=1,\cdots,W$		

续表

类别	符号	含义	符号	含义
上标	*fc*	慢速充电桩	*rc*	快速充电桩
	PV	光伏系统	*bat*	储能系统
	grd	电网	*EV*	电动汽车
	PL	充电站场地	*space*	停车车位
	cha	充电	*dis*	放电
	start	到达充电站场地	*end*	离开充电站场地
	V2G	V2G 模式	*G2V*	G2V 模式
	DA	日前电力市场	*sell*	辅助服务市场
	contract	充电服务合同		
参数	*CapEx*	单位年固定投资成本	*OpEx*	单位年运营成本
	RP	充电桩额定功率	*N*	典型情景发生次数
	λ	电力价格	*SP*	单位光伏系统发电量
	Cost	成本	*Income*	收入
	Cap	储能系统容量	*Z*	储能系统容量上限
	Cd	储能系统单位损耗成本	*Scale*	面积折算系数
	S	停车车位面积	η	充放电速率系数
	Q	停车车位数量	*SOC*	电量占比
	ξ	充放电效率系数	*FSOC*	最终电量占比
	ISOC	初始电量占比		
变量	*q*	设施配置规模	*p*	电量
	soe	储能系统可用电量	*u*	充电桩连接状态
	m	V2G、G2V 模式选择状态	*v*	充电、放电选择状态

4.3.2　目标函数及约束条件

由于篇幅的限制，本书以 S4 为例详细描述了目标函数及约束条件。在将梯次利用储能系统的参数替换为全新储能系统的参数后，即可得到 S3 的数学表达式。在此基础上，依次删除与储能系统和光伏系统相关的变量后，可以得到适应于 S2 和 S1 的模型。

充电站运营商的目标函数是投资和运营两阶段的总成本最小化。如式

(4.1) 所示:

$$\begin{aligned}
&\min\{q^{PV}\times(CapEx^{PV}+OpEx^{PV})+q^{bat}\times(CapEx^{bat}+OpEx^{bat})+\\
&q^{space}\times S^{space}\times Scale^{PL}\times(CapEx^{PL}+OpEx^{PL})+\\
&q^{fc}\times(CapEx^{fc}+OpEx^{fc})+q^{rc}\times(CapEx^{rc}+OpEx^{rc})+\\
&\sum_{\omega}^{W}\sum_{t=1}^{24}\sum_{j=1}^{J}[N_{\omega}\times(Cost_{\omega,t,j}^{G2V})+Cost_{\omega,t,j}^{bat\text{-}V2G}+Cost_{\omega,t,j}^{EV\text{-}V2G}-\\
&Income_{\omega,t}^{PV}-Income_{\omega,t,j}^{V2G}-Income_{\omega,t,j}^{contract}]\}
\end{aligned} \tag{4.1}$$

其中,前三行表示各设施的投资成本和运营费用,N_{ω} 表示每个典型情景的出现次数,将在第5.4节中对其做进一步解释。具体来说,第一阶段的决策变量包括慢速充电桩安装量 q^{fc} 、快速充电桩安装量 q^{rc} 、光伏系统安装容量 q^{PV} 和储能系统安装容量 q^{bat} 。如式(4.2)和式(4.3)所示,这些变量会受到停车位数量 Q^{space} 的约束限制。为了避免各设施使用寿命上的差异,本书选用等效年成本来进行计算。

$$0<q^{fc}+q^{rc}\leqslant Q^{space},q^{fc}\in\mathbb{Z},q^{rc}\in\mathbb{Z} \tag{4.2}$$

$$q^{PV}\leqslant Q^{space}\times S^{space}\times Scale^{PV} \tag{4.3}$$

$$q^{bat}\leqslant Z^{bat} \tag{4.4}$$

式(4.1)的最后两行由第二阶段变量构成,并且由式(4.5)~式(4.10)进一步扩展,用以表示电力交易活动的成本和收入。其中,式(4.5)为从电网端购买电力的支出,由充入到储能系统的电量 $p_{\omega,t}^{grd-bat}$ 、通过充电桩充入电动汽车的电量 $p_{\omega,t,j}^{grd-fc}$ 和 $p_{\omega,t,j}^{grd-rc}$ 决定。由于V2G模式会加速电池的衰减,由此产生的额外损耗成本如式(4.6)和式(4.7)所示。充电站运营商的收入由三部分组成。第一部分收入是将光伏系统发电卖回至电网,如式(4.8)所示。第二部分收入来自提供V2G服务,如式(4.9)所示。第三部分收入是基于运营商和车队所有者之间签订的充电协议,主要取决于充电需求和服务价格,如式(4.10)所示。

$$Cost_{\omega,t,j}^{G2V}=(p_{\omega,t}^{grd-bat}+p_{\omega,t,j}^{grd-fc}+p_{\omega,t,j}^{grd-rc})\times\lambda_{\omega,t}^{DA}\ \forall\omega,t,j \tag{4.5}$$

$$\begin{aligned}Cost_{\omega,t,j}^{bat\text{-}V2G}=&(p_{\omega,t}^{bat\text{-}grd1}/\xi^{bat\text{-}dis}+p_{\omega,t}^{bat\text{-}grd2}/\xi^{bat\text{-}dis}+p_{\omega,t,j}^{fc-bat}\times\xi^{bat\text{-}cha})\\&\times Cd^{bat}\ \forall\omega,t,j\end{aligned} \tag{4.6}$$

$$Cost_{\omega,t,j}^{EV\text{-}V2G}=(p_{\omega,t,j}^{fc-grd}+p_{\omega,t,j}^{fc-bat})/\xi^{EV\text{-}dis}\times Cd^{EV}\ \forall\omega,t,j \tag{4.7}$$

$$Income_{\omega,t}^{PV} = p_{\omega,t}^{PV-grd} \times \lambda_{\omega,t}^{sell} \forall \omega, t \tag{4.8}$$

$$Income_{\omega,t,j}^{V2G} = (p_{\omega,t}^{bat\text{-}grd1} + p_{\omega,t}^{bat\text{-}grd2} + p_{\omega,t,j}^{fc-grd} \times \xi^{fc}) \times \lambda_{\omega,t}^{sell} \forall \omega, t, j \tag{4.9}$$

$$Income_{\omega,t,j}^{contract} = \begin{bmatrix} (p_{\omega,t,j}^{PV-fc} + p_{\omega,t,j}^{grd-fc} + p_{\omega,t,j}^{bat\text{-}fc}) \times \xi^{fc} \\ + (p_{\omega,t,j}^{PV-rc} + p_{\omega,t,j}^{grd-rc} + p_{\omega,t,j}^{bat\text{-}rc}) \times \xi^{rc} \end{bmatrix} \times \lambda_{\omega,t,j}^{contract} \forall \omega, t, j \tag{4.10}$$

针对第二阶段变量的相关约束总结如下。

$$p_{\omega,t}^{PV-grd} + p_{\omega,t}^{PV-bat} + \sum_{j=1}^{J} (p_{\omega,t,j}^{PV-fc} + p_{\omega,t,j}^{PV-rc}) = q^{PV} \times \xi^{PV} \times SP_{\omega,t} \forall \omega, t \tag{4.11}$$

$$\begin{aligned} soe_{\omega,t}^{bat} = {} & soe_{\omega,t-1}^{bat} + p_{\omega,t}^{PV-bat} \times \xi^{bat\text{-}cha} \\ & + \sum_{j=1}^{J} [p_{\omega,t}^{grd\text{-}bat} \times \xi^{bat\text{-}cha} - (p_{\omega,t,j}^{bat\text{-}fc} + p_{\omega,t,j}^{bat\text{-}rc}) / \xi^{bat\text{-}dis}] \\ & + \sum_{j=1}^{J} \begin{pmatrix} p_{\omega,t,j}^{fc\text{-}bat} \times \xi^{fc} \times \xi^{bat\text{-}cha} \\ - p_{\omega,t}^{bat\text{-}grd1} / \xi^{bat\text{-}dis} - p_{\omega,t}^{bat\text{-}grd2} / \xi^{bat\text{-}dis} \end{pmatrix} \forall \omega, t \end{aligned} \tag{4.12}$$

$$q^{bat} \times SOC^{bat\min} \leqslant soe_{\omega,t}^{bat} \leqslant q^{bat} \times SOC^{bat\max} \forall \omega, t \tag{4.13}$$

$$soe_{\omega,t=1}^{bat} = q^{bat} \times SOC^{bat\min} \forall \omega, t = 1 \tag{4.14}$$

$$q^{bat} \times \eta^{bat\text{-}cha} \geqslant [p_{\omega,t}^{PV-bat} + p_{\omega,t}^{grd\text{-}bat} + \sum_{j=1}^{J} p_{\omega,t,j}^{fc\text{-}bat} \times \xi^{fc}] \times \xi^{bat\text{-}cha} \forall \omega, t \tag{4.15}$$

$$q^{bat} \times \eta^{bat\text{-}dis} \geqslant [p_{\omega,t}^{bat\text{-}grd1} + p_{\omega,t}^{bat\text{-}grd2} + \sum_{j=1}^{J} (p_{\omega,t,j}^{bat\text{-}fc} + p_{\omega,t,j}^{bat\text{-}rc})] / \xi^{bat\text{-}dis} \forall \omega, t \tag{4.16}$$

$$\sum_{t=1}^{t} (p_{\omega,t}^{PV\text{-}bat} \times \xi^{bat\text{-}cha}) - \sum_{t=1}^{t} (p_{\omega,t}^{bat\text{-}grd1} / \xi^{bat\text{-}dis}) \geqslant 0 \forall \omega, t \tag{4.17}$$

$$\sum_{t=1}^{t} (\sum_{j}^{J} p_{\omega,t,j}^{fc\text{-}bat} \times \xi^{bat\text{-}cha}) - \sum_{t=1}^{t} (p_{\omega,t}^{bat\text{-}grd2} / \xi^{bat\text{-}dis}) \geqslant 0 \forall \omega, t \tag{4.18}$$

其中，式（4.11）是保证光伏系统供需电力的实时平衡。式（4.12）旨在刻画储能系统中可用电量随时间迭代变化的状态。充放电效率参数 $0 < \xi^{bat\text{-}cha} < 1$ 和 $0 < \xi^{bat\text{-}dis} < 1$ 用来表示充放电过程中的能量损失。此外，鉴于储能系统的容量是有限的，电量水平既不能超过其容量，也不能在全部耗尽后继续放电。如式（4.13）所示，$SOC^{bat\min}$ 和 $SOC^{bat\max}$ 定义了所允许的可用电量相对于储能系统容量的最低和最高百分比水平。在本研究中，式（4.14）旨在以第

一个小时的初始电量状态进行赋值。另外，式（4.15）和式（4.16）中的符号 $\eta^{bat\text{-}cha}$ 和 $\eta^{bat\text{-}dis}$ 分别对于储能系统的充电速率和放电速率进行了约束。此外，为了激励绿色电力的发展，V2G 服务的收益支付仅针对不直接向电网购买的电量。式（4.17）和式（4.18）以 $p_{\omega,t}^{bat\text{-}grd1}$ 和 $p_{\omega,t}^{bat\text{-}grd2}$ 为细分，确保从储能系统输出至电网的电量不超过其对应的初始充入来源。

基于和储能系统相同的工作原理，电动汽车电池的运行状态也受到相似的约束条件，如式（4.19）~式（4.20）和式（4.23）~式（4.24）所示。在式（4.21）中，$ISOC_j^{EV}$ 代表的是电动汽车到达充电站时的可用电量相对于电池容量的占比水平，将在第4.4节中对其做进一步解释。如式（4.22）所示，运营商应确保当电动汽车离开充电站时，电池中可用电量相对于电池容量的占比水平 $FSOC_j^{EV}$ 达到车队所有者的要求。式（4.25）~式（4.27）对于 G2V 活动和 V2G 活动中通过慢速充电桩和快速充电桩充电的电量上限进行了约束。

$$\begin{aligned} soe_{\omega,t,j}^{EV} = {} & soe_{\omega,t-1,j}^{EV} \\ & + \begin{bmatrix} (p_{\omega,t,j}^{PV\text{-}fc} + p_{\omega,t,j}^{grd\text{-}fc} + p_{\omega,t,j}^{bat\text{-}fc}) \times \xi^{fc} \\ + (p_{\omega,t,j}^{PV\text{-}rc} + p_{\omega,t,j}^{grd\text{-}rc} + p_{\omega,t,j}^{bat\text{-}rc}) \times \xi^{rc} \end{bmatrix} \times \xi_j^{EV\text{-}cha} \\ & - (p_{\omega,t,j}^{fc\text{-}grd} + p_{\omega,t,j}^{fc\text{-}bat}) / \xi_j^{EV\text{-}dis} \ \forall \omega,t,j \end{aligned} \tag{4.19}$$

$$Cap_j^{EV} \times SOC_j^{EV\min} \leqslant soe_{\omega,t,j}^{EV} \leqslant Cap_j^{EV} \times SOC_j^{EV\max} \ \forall \omega,t,j \tag{4.20}$$

$$soe_{\omega,t=t^{start},j}^{EV} = Cap_j^{EV} \times ISOC_j^{EV} \ \forall \omega,t = t^{start},j \tag{4.21}$$

$$soe_{\omega,t=t^{end},j}^{EV} \geqslant Cap_j^{EV} \times FSOC_j^{EV} \ \forall \omega,t = t^{end},j \tag{4.22}$$

$$Cap_j^{EV} \times \eta_j^{EV\text{-}cha} \geqslant \begin{bmatrix} (p_{\omega,t,j}^{PV\text{-}fc} + p_{\omega,t,j}^{grd\text{-}fc} + p_{\omega,t,j}^{bat\text{-}fc}) \times \xi^{fc} \\ + (p_{\omega,t,j}^{PV\text{-}rc} + p_{\omega,t,j}^{grd\text{-}rc} + p_{\omega,t,j}^{bat\text{-}rc}) \times \xi^{rc} \end{bmatrix} \times \xi_j^{EV\text{-}cha} \ \forall \omega,t,j \tag{4.23}$$

$$Cap_j^{EV} \times \eta_j^{EV\text{-}dis} \geqslant (p_{\omega,t,j}^{fc\text{-}grd} + p_{\omega,t,j}^{fc\text{-}bat}) / \xi_j^{EV\text{-}dis} \ \forall \omega,t,j \tag{4.24}$$

$$RP^{fc} \geqslant (p_{\omega,t,j}^{PV\text{-}fc} + p_{\omega,t,j}^{grd\text{-}fc} + p_{\omega,t,j}^{bat\text{-}fc}) \times \xi^{fc} \ \forall \omega,t,j \tag{4.25}$$

$$RP^{rc} \geqslant (p_{\omega,t,j}^{PV\text{-}rc} + p_{\omega,t,j}^{grd\text{-}rc} + p_{\omega,t,j}^{bat\text{-}rc}) \times \xi^{rc} \ \forall \omega,t,j \tag{4.26}$$

$$RP^{fc} \geqslant (p_{\omega,t,j}^{fc\text{-}grd} + p_{\omega,t,j}^{fc\text{-}bat}) \times \xi^{fc} \ \forall \omega,t,j \tag{4.27}$$

除上述连续变量外，在第二阶段还存在二进制变量，用以表明是否采用某种模式。具体来说，根据电动汽车是否连接慢速充电桩，$u^{fc}_{\omega,t,j}$ 被标记为1或0。同理，$u^{rc}_{\omega,t,j}$ 用来表示与快速充电桩的连接状态。如式（4.28）所示，在每一个时间节点上每一辆电动汽车只能选择一个充电桩进行连接。由于充电服务只能在电动汽车停留在充电站的期间完成，因此可以将其他时间段的充电桩连接状态值将设置为0，如式（4.29）和式（4.30）所示。式（4.31）和式（4.32）表示处于连接状态的充电桩数量不应超过对应类型充电桩的总数。式（4.33）~式（4.35）的右侧表达式统一采用二进制变量与固定输入参数相乘的形式。这是为了确保电动汽车在和某种类型的充电桩相连接时，其才能够与其他设施之间进行电力交换。以式（4.33）为例，当 $u^{fc}_{\omega,t,j}=1$ 时，可推断出在任意时刻通过慢速充电桩充入电动汽车的电量不能超过电池容量。这相当于引入了一个冗余的限制条件，电池运行状态的相关约束条件实际上起到了更为严格的限制作用。当 $u^{fc}_{\omega,t,j}=0$ 时，式（4.33）左侧的所有变量将被自动强制为零值。

$$u^{fc}_{\omega,t,j}+u^{rc}_{\omega,t,j}\leqslant 1\ \forall\omega,t,j \tag{4.28}$$

$$\sum_{t=1}^{t^{start}-1}\left(u^{fc}_{\omega,t,j}+u^{rc}_{\omega,t,j}\right)=0\ \forall\omega,t,j \tag{4.29}$$

$$\sum_{t=t^{end}+1}^{24}\left(u^{fc}_{\omega,t,j}+u^{rc}_{\omega,t,j}\right)=0\ \ \forall\omega,t,j \tag{4.30}$$

$$\sum_{j}^{J}u^{fc}_{\omega,t,j}\leqslant q^{fc}\ \ \forall\omega,t,j \tag{4.31}$$

$$\sum_{j}^{J}u^{rc}_{\omega,t,j}\leqslant q^{rc}\ \ \forall\omega,t,j \tag{4.32}$$

$$p^{PV\text{-}fc}_{\omega,t,j}+p^{grd\text{-}fc}_{\omega,t,j}+p^{bat\text{-}fc}_{\omega,t,j}\leqslant u^{fc}_{\omega,t,j}\times Cap^{EV}_{j}\ \ \forall\omega,t,j \tag{4.33}$$

$$p^{fc\text{-}grd}_{\omega,t,j}+p^{fc\text{-}bat}_{\omega,t,j}\leqslant u^{fc}_{\omega,t,j}\times Cap^{EV}_{j}\ \ \forall\omega,t,j \tag{4.34}$$

$$p^{PV\text{-}rc}_{\omega,t,j}+p^{grd\text{-}rc}_{\omega,t,j}+p^{bat\text{-}rc}_{\omega,t,j}\leqslant u^{rc}_{\omega,t,j}\times Cap^{EV}_{j}\ \ \forall\omega,t,j \tag{4.35}$$

其余三组二进制变量的解释如下：$m^{G2V}_{\omega,t}$ 和 $m^{V2G}_{\omega,t}$ 分别用来表示G2V模式和V2G模式的选取状态；$v^{bat\text{-}cha}_{\omega,t}$ 和 $v^{bat\text{-}dis}_{\omega,t}$ 分别用来表示储能系统充电模式和放电模式的选取状态；$v^{EV\text{-}cha}_{\omega,t,j}$ 和 $v^{EV\text{-}dis}_{\omega,t,j}$ 分别用来表示电动汽车电池充电模式和放电模式的选取状态。基于上一段所提到的逻辑，相关约束如式（4.36）~式（4.48）所示。

$$m_{\omega,t}^{G2V} + m_{\omega,t}^{V2G} \leqslant 1 \quad \forall \omega, t \tag{4.36}$$

$$p_{\omega,t}^{grd\text{-}bat} \leqslant m_{\omega,t}^{G2V} \times Z^{bat} \quad \forall \omega, t \tag{4.37}$$

$$p_{\omega,t,j}^{grd\text{-}fc} + p_{\omega,t,j}^{grd\text{-}rc} \leqslant m_{\omega,t}^{G2V} \times Cap_j^{EV} \quad \forall \omega, t, j \tag{4.38}$$

$$p_{\omega,t}^{bat\text{-}grd} \leqslant m_{\omega,t}^{V2G} \times Z^{bat} \quad \forall \omega, t \tag{4.39}$$

$$p_{\omega,t,j}^{fc\text{-}grd} + p_{\omega,t,j}^{fc\text{-}bat} \leqslant m_{\omega,t}^{V2G} \times Cap_j^{EV} \quad \forall \omega, t, j \tag{4.40}$$

$$v_{\omega,t}^{bat\text{-}cha} + v_{\omega,t}^{bat\text{-}dis} \leqslant 1 \quad \forall \omega, t \tag{4.41}$$

$$p_{\omega,t}^{PV\text{-}bat} + p_{\omega,t}^{grd\text{-}bat} \leqslant v_{\omega,t}^{bat\text{-}cha} \times Z^{bat} \quad \forall \omega, t \tag{4.42}$$

$$p_{\omega,t,j}^{fc\text{-}bat} \leqslant v_{\omega,t}^{bat\text{-}cha} \times Cap_j^{EV} \quad \forall \omega, t, j \tag{4.43}$$

$$p_{\omega,t,j}^{bat\text{-}fc} + p_{\omega,t,j}^{bat\text{-}rc} \leqslant v_{\omega,t}^{bat\text{-}dis} \times Cap_j^{EV} \quad \forall \omega, t, j \tag{4.44}$$

$$p_{\omega,t,j}^{bat\text{-}grd} \leqslant v_{\omega,t}^{bat\text{-}dis} \times Z^{bat} \quad \forall \omega, t, j \tag{4.45}$$

$$v_{\omega,t,j}^{EV\text{-}cha} + v_{\omega,t,j}^{EV\text{-}dis} \leqslant 1 \quad \forall \omega, t, j \tag{4.46}$$

$$p_{\omega,t,j}^{PV\text{-}fc} + p_{\omega,t,j}^{PV\text{-}rc} + p_{\omega,t,j}^{grd\text{-}fc} + p_{\omega,t,j}^{grd\text{-}rc} + p_{\omega,t,j}^{bat\text{-}fc} + p_{\omega,t,j}^{bat\text{-}rc} \leqslant v_{\omega,t,j}^{EV\text{-}cha} \times Cap_j^{EV} \quad \forall \omega, t, j \tag{4.47}$$

$$p_{\omega,t,j}^{fc\text{-}grd} + p_{\omega,t,j}^{fc\text{-}bat} \leqslant v_{\omega,t,j}^{EV\text{-}dis} \times RP^{fc} \quad \forall \omega, t, j \tag{4.48}$$

4.3.3 Benders 分解原理

在 1962 年，Benders 分解法首次被提出，成为求解大规模混合整数线性规划问题的最有效方法之一。在 1972 年，原始 Benders 分解法得到进一步推广，并被应用于求解混合整数非线性规划问题。该方法是基于给定问题的分解结构，将复杂问题的约束条件和相关变量分开进行处理，即拆分成为规模较小的主问题和子问题，再通过逐次交替迭代这两个问题的方式来实现求解。

为了不失一般性，本研究以如下形式的混合整数线性规划问题为例进行介绍 Benders 分解的基本原理：

$$\begin{aligned} &\min_{x,y} c^T x + f^T y \\ &\text{s. t. } Ax + By \geqslant b \\ &x \geqslant 0, y \in \mathbb{N}, y \in Y \end{aligned} \tag{4.49}$$

将式（4.49）投影至整数变量 y 的空间，则可以得到如下变形：

$$\min_{x} c^{T}x$$

$$\text{s. t. } Ax \geqslant b-B\bar{y}$$

$$x \geqslant 0 \tag{4.50}$$

因此，式（4.49）可以进一步等价表示为：

$$\min_{y \in Y}\{f^{T}y + \min_{x \geqslant 0}\{c^{T}x \mid Ax \geqslant b-By\}\} \tag{4.51}$$

基于对偶原理，其中内层优化问题 $\min\limits_{x \geqslant 0}\{c^{T}x \mid Ax \geqslant b-By\}$ 对偶子问题如下所示，可以发现式（4.52）的可行解集与整数变量 y 无关。

$$\max_{\mu}(b-B\bar{y})\mu$$

$$\text{s. t. } A^{T}\mu \leqslant c$$

$$\mu \geqslant 0 \tag{4.52}$$

式（4.49）可以进一步分解为 Benders 主问题（master problem），如下所示：

$$\min_{y} z$$

$$\text{s. t. } z \geqslant f^{T}y + (b-By)^{T}\overline{\mu_{k}} \quad k = 1, \cdots, K$$

$$(b-By)^{T}\overline{\mu_{l}} \leqslant 0 \quad l = 1, \cdots, L$$

$$y \in \mathbb{N}, y \in Y \tag{4.53}$$

其中，第二个和第三个约束条件分别被称为 Benders 最优割平面（optimality cuts）和 Benders 可行割平面（feasibility cuts）。μ_{k} 和 μ_{l} 是式（4.52）的极点和极方向。

Benders 子问题（subproblem）如下所示：

$$\max_{\mu} f^{T}\bar{y} + (b-B\bar{y})^{T}\mu$$

$$\text{s. t. } A^{T}\mu \leqslant c$$

$$\mu \geqslant 0 \tag{4.54}$$

本书利用通用代数建模系统（the general algebraic modeling system，GAMS）的 CPLEX 求解器对该混合整数线性规划问题进行编程。具体有以下几个步骤。

（1）确定允许的误差 ε，上界 $UB = \infty$，下界 $LB = -\infty$，y = 初始可行解。

（2）**while** $UB - LB > \varepsilon$ **do**。

(3) 求解子问题，即式 (4.54)：

$$\max_{\mu}\{f^T\bar{y} + (b - B\bar{y})^T\mu \mid A^T\mu \leqslant c, \mu \geqslant 0\}$$

(4) **if** 子问题无界。

(5) 求解极方向 μ_l 。

(6) 将可行割 $(b - By)^T\overline{\mu_l} \leqslant 0$ 回补给主问题。

(7) 求解极点 μ_k 。

(8) 将最优割 $z \geqslant f^T y + (b - By)^T\overline{\mu_k}$ 回补给主问题。

(9) 更新 $UB = \min\{UB, f^T y + (b - By)^T\overline{\mu_k}\}$ 。

(10) 求解主问题，即式 (4.53)：

$$\min_{y}\{z \mid 割集合, y \in \mathbb{N}, y \in Y\}$$

(11) 更新 $LB = \bar{z}$ 。

(12) 结束 **while**。

4.4 参数设置

4.4.1 日前电力市场价格

随着可再生能源发电的迅猛增长，气象因素对日前电力市场价格产生了重要影响。与基特纳等（Ketterer et al.，2014）的研究相似，本书利用 AR-GARCH 模型来刻画价格的波动和不确定性。如式 (4.55) 所示，因变量是日前电力市场价格 λ_t^{DA} ，解释变量包括日前电力需求预测量 $Load_t$ 、光伏发电预测量 SL_t 、风力发电预测量 WD_t 、天然气价格 λ_t^{Gas} 和碳排放价格 λ_t^{Emi} 。虚拟变量用来表示典型的季节和天气，即 $s = 1,2,3,4$ 对应春季、夏季、秋季和冬季，$w = 1,2,3,4$ 对应晴天、雨天、阴天和雪天。符号 c 和 t 分别指代常数项和小时序列。ε_t 是均值为 0、方差为 1 的独立同分布残差序列，其与条件方差 υ_t 和长期方差 τ 的关系如式 (4.56) 和式 (4.57) 所示。另外，为了保证模型的平稳性，针对式 (4.57)，需要保证 $\theta_i, \phi_j \geqslant 0$ 以及 $\sum_{i=1}^{p}\theta_i + \sum_{j=1}^{q}\phi_j < 1$ 。

$$\lambda_t^{DA} = c + \sum_{i=1}^{m} \alpha_i \lambda_{t-i}^{DA} + \beta_1 Load_t + \beta_2 SL_t + \beta_3 WD_t + \beta_4 \lambda_t^{Gas} + \beta_5 \lambda_t^{Emi} + \sum_{s=1}^{S} \sum_{w=1}^{W} \delta_{s,w} Dummy_{s,w} + \varepsilon_t \tag{4.55}$$

$$\varepsilon_t = v_t \sqrt{h_t} \tag{4.56}$$

$$h_t = \tau + \sum_{i=1}^{p} \theta_i \varepsilon^2{}_{t-i} + \sum_{j=1}^{q} \phi_j h_{t-j} \tag{4.57}$$

鉴于英国电力的公开数据较多、市场化程度较高，本书对其进行实证分析①。数据来源包括英国电力市场结算机构（Elexon）、美国洲际交易所（Intercontinental Exchange）、欧洲能源交易所（European Energy Exchange）以及 Bloomberg 数据库。时间跨度为 2015 年 2 月 24 日至 2020 年 2 月 23 日。基于 Akaike 信息准则（Akaike Information Criterion，AIC）和 Ljung-Box Q 统计检验结果，本书将模型设定为 AR（3）－GARCH（1，1），如表 4.3 所示。

表 4.3　AR-GARCH 模型结果

均值方程											
定量变量				虚拟变量							
c	−5.4690***	β_1	0.0003***			δ_{21}	0.8718***	δ_{31}	−1.5925***	δ_{41}	−1.5150***
α_1	0.9137***	β_2	−0.0005***	δ_{12}	0.9885***	δ_{22}	0.9524***	δ_{32}	−1.5925***	δ_{42}	−1.2342***
α_2	−0.2181***	β_3	−0.0002***	δ_{13}	0.4632***	δ_{23}	0.6892***	δ_{33}	−1.3659***	δ_{43}	−1.8352***
α_3	−0.0472***	β_4	0.2556***	δ_{14}	0.0447					δ_{44}	−0.3310
		β_5	0.1551***								

① 汇率换算为：1 英镑（GBP）=8.7 人民币（CNY）。

续表

方差方程							
τ	7.9895 ***	θ_1	0.3893 ***	φ_1	0.2607 ***		
适应度评价							
调整 R^2	0.7727	ARCH-LM 检验的 P 值					0.2142
AIC	5.9260	平均绝对误差百分比					11.36%

注：

①为避免多重共线性，所设置虚拟变量个数比情景分类数少 1。c 默认为春季晴天这一情景。

②置信区间用 *** 表示 99%。

③ARCH-LM 检验的原假设为残差项在滞后 24 阶不存在条件异方差。

④将 2015 年 2 月 24 日至 2020 年 2 月 23 日期间作为样本内数据集，2020 年 2 月 24 日至 2 月 28 日期间作为样本外数据集，利用平均绝对误差百分比评价模型的预测水平。

由上述结果可知，日前电力需求预测量、天然气价格和碳排放价格与日前电力市场价格之间呈现正向关系，而光伏发电预测量和风力发电预测量与其之间呈现负向关系。另外，除了春季的雪天和冬季的雪天外，其他变量均具有统计显著性，为典型情景[①]的选择提供了依据。通过将样本内数据集中典型情景的发生次数作为出现频率 N_ω、每个解释变量的小时平均值作为输入，利用上述模型可以对各情景的日前电力市场价格进行预测，并对预期情景[②]下的电力价格水平进行汇总计算。如图 4.2 所示，春季的电价水平相对较低，而冬季的电价水平则相对较高。

知名电力供应企业 Octopus Energy 在考虑日前电力市场价格、系统不平衡费用、线路损耗等基础上制定了更为灵活的辅助服务价格，以鼓励可再生能源电力的发展。此外，该企业还制定了与日前电力市场价格动态挂钩的电动汽车充电服务价格。本书参照其公示的模型，得到了与图 4.2 中日前电力市场预测价格一一相对应的辅助服务价格和充电服务价格，如图 4.3 和图 4.4 所示。

4.4.2 光伏系统发电量

除了日前电力价格以外，光伏系统发电量也会受到气象因素的影响。基

① 典型情景，即为表 4.3 中具有统计显著性的虚拟变量。

② 预期情景，即为考虑各典型情景和其出现频率的加权汇总情况。

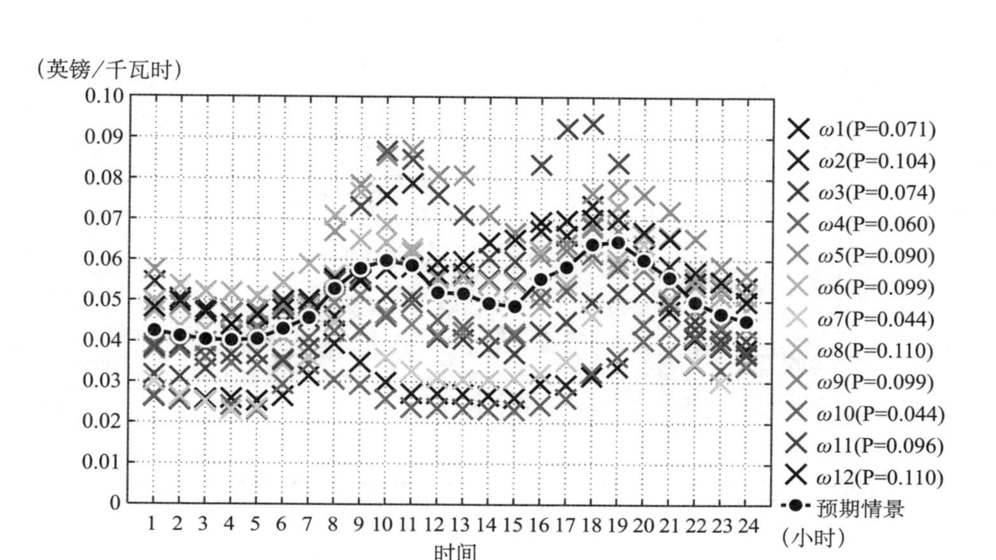

图 4.2　不同情景下预测的目前电力市场价格

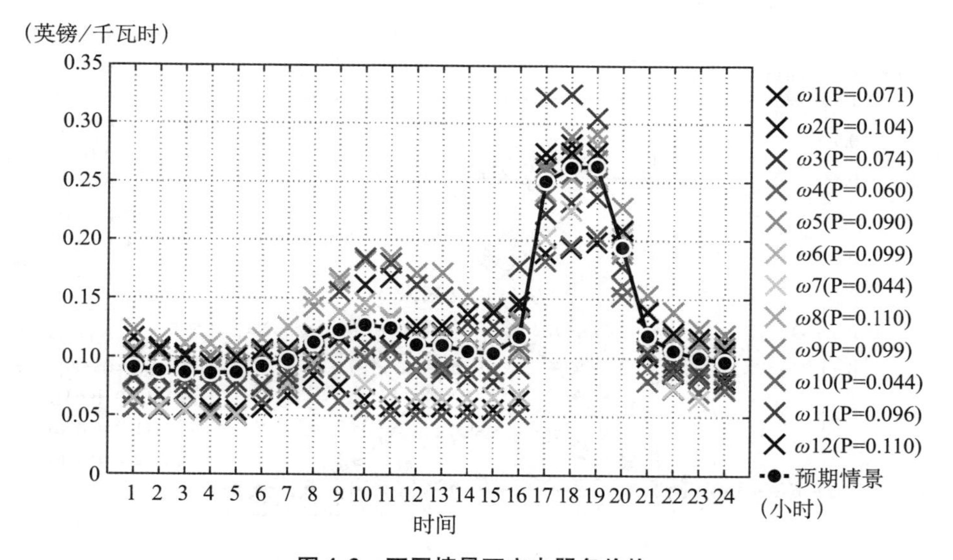

图 4.3　不同情景下充电服务价格

于第 4.4.1 节中提到的历史数据，单位光伏系统预测发电量可以通过各典型情景下光伏发电预测量除以光伏发电装机容量得到。如图 4.5 所示，其发电量在夏季晴天处于最高的水平，在冬季雨天处于最低的水平。

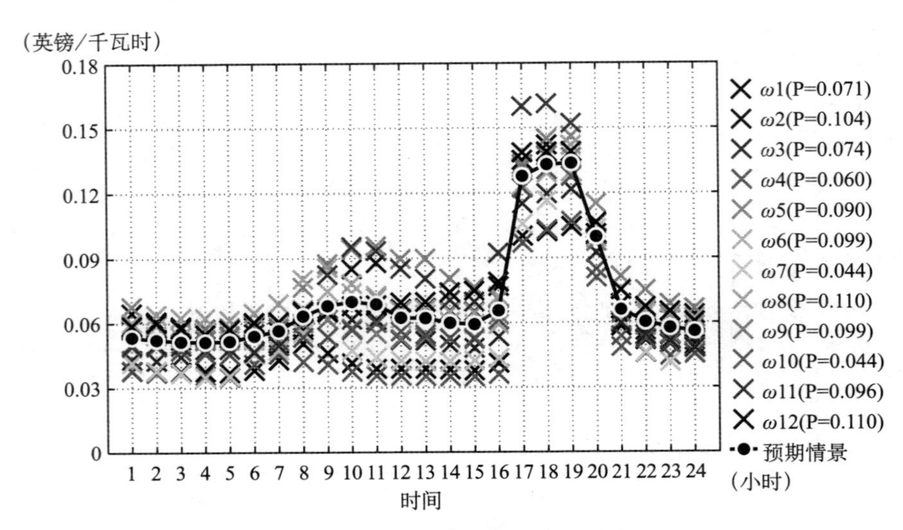

图 4.4　不同情景下辅助服务价格

注：图 4.4 中的 ω1 - ω3、ω4 - ω6、ω7 - ω9、ω10 - ω12 分别对应春季、夏季、秋季、冬季，并且在每个季节中均按照晴天、雨天、阴天的顺序依次排序。

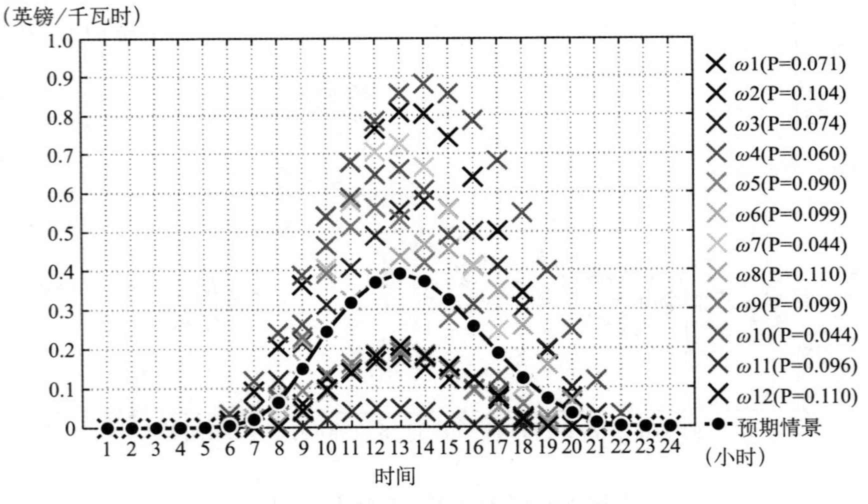

图 4.5　不同情景下预测的单位光伏系统发电量

4.4.3　充电需求

除了电价和发电量以外，运营商在电力需求侧也面临着不确定性。考虑到样本的总体规模和可获取性，选取的数据来源于 2017 年美国交通部的全国居民汽车行驶习惯调查报告（national household travel survey）。本书遵循此前研究提出的假设，认为最后一次旅程结束的时间是充电开始的时间 t^{start} 。如图 4.6 所示，充电开始时间集中于 16 点到 19 点。由于该直方图所呈现的趋势并不标准，本书采用核密度估计（kernel density estimation，KDE）对于未知的概率密度函数（probability density function，PDF）和累积概率密度函数（cumulative distribution function，CDF）进行拟合，如式（4.58）和式（4.59）所示：

$$\hat{f}_T(x) = \frac{1}{n \cdot h}\sum_{i=1}^{n} k\left(\frac{x_i - x}{h}\right) \tag{4.58}$$

$$k(\xi) = \frac{1}{\sqrt{2\pi}}e^{-\frac{\xi^2}{2}} \tag{4.59}$$

$$h = 1.06 \cdot \min(\sigma, \frac{R}{1.34}) \cdot n^{-\frac{1}{5}} \tag{4.60}$$

其中，$x_1, x_2, \cdots, x_n$ 为独立同分布的 n 个样本，$\hat{f}_T(x)$ 为核密度估计量，$k(\xi)$ 为核函数。本书将 $k(\xi)$ 设定为高斯核函数，则可通过式（4.60）计算带宽 h 。具体来说，σ 和 R 分别表示样本的标准差和四分位数间距。

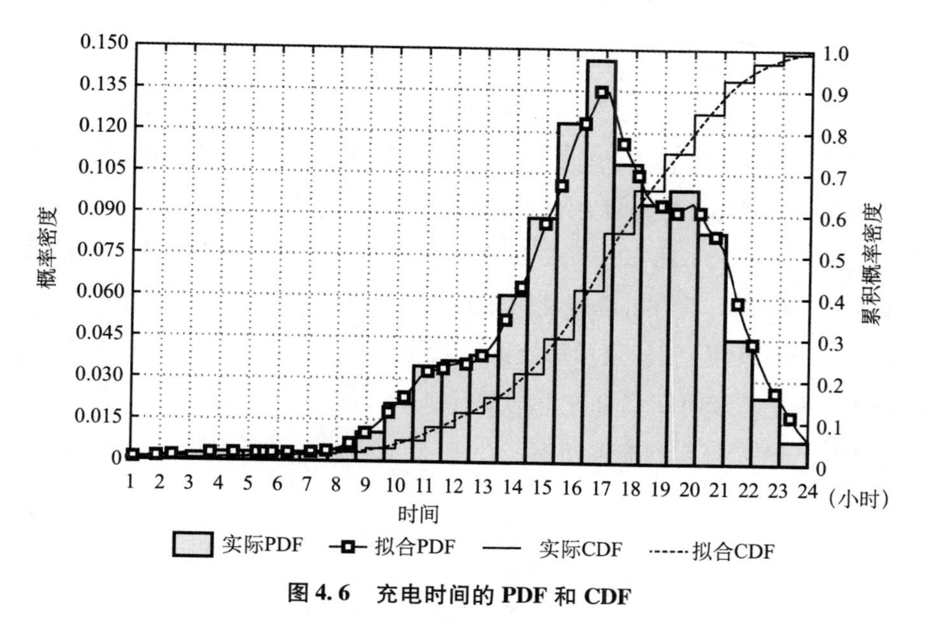

图 4.6　充电时间的 PDF 和 CDF

如图 4.7 所示，每日行驶距离普遍在 50 ~ 100 千米，超过 100 千米的样本数量约占到了总体样本的 30%。由于该直方图所呈现的趋势相对较为标准，本书采用对数正态分布对其 PDF 和 CDF 进行拟合，如式（4.61）所示。其中，μ 和 σ 分别为样本的平均数和标准差。

$$f_S(x) = \frac{1}{x \cdot \sigma \cdot \sqrt{2\pi}} e^{-\frac{(\ln x - \mu)^2}{2\sigma^2}} \tag{4.61}$$

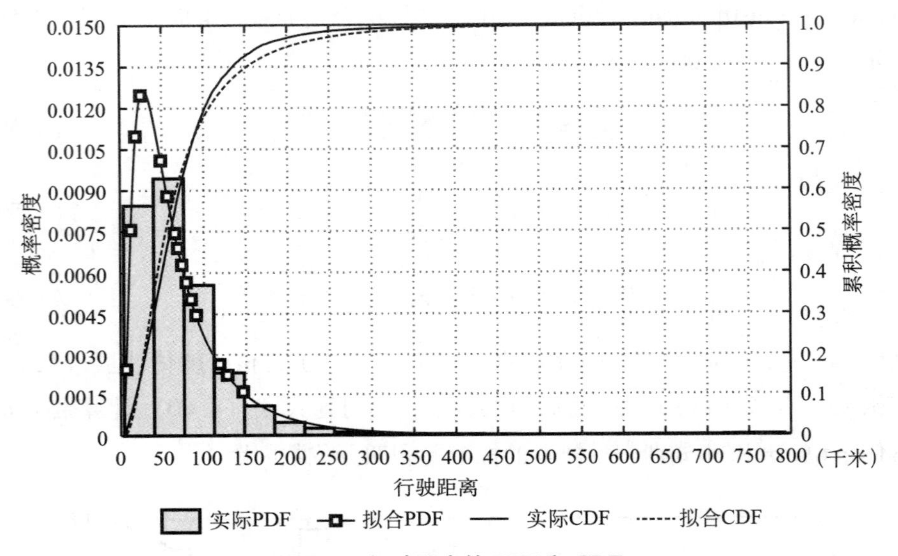

图 4.7　行驶距离的 PDF 和 CDF

与此前相关研究提出的假设相似，本书认为，在出发时电动汽车车队的电池是满电的状态，在车队的任务完成后，车队会返回充电站进行充电。换言之，每辆电动汽车的充电需求 L_{t_0} 等于它抵达充电站之前在路途上所消耗的电量。式（4.62）旨在计算电动汽车到达充电站时的初始电量占比。其中，S 表示日行驶距离，$U_{electricity}$ 表示每公里耗电量，Cap^{EV} 表示电动汽车的电池容量。相应地，充电持续时间 t^D 和充电结束时间 t^{end} 可以由式（4.63）和式（4.64）求得，P_{charge} 表示恒定的充电功率。

$$ISOC^{EV} = 1 - \frac{S \cdot U_{electricity}}{Cap^{EV}} \tag{4.62}$$

$$t^D = \frac{S \cdot U_{electricity}}{P_{charge}} \tag{4.63}$$

$$t^{end} = t^{start} + t^D \tag{4.64}$$

由于 t^{start} 和 t^{D} 之间相互独立，它们的联合 PDF 满足 $F_{TD} = F_{T} \cdot F_{D}$ 。在式（4.65）和式（4.66）中，φ_{t_o} 表示在任意时间点 t_0 电动汽车是否处于其充电时间窗口内。因此，每辆电动汽车的充电需求 L_{t_0} 可以由式（4.67）求得。

$$P(\varphi_{t_o} = 0) = F_{TD}(t_0 < t^{start}, t_0 + 24 \geqslant t^{end}) + F_{TD}(t_0 \geqslant t^{end}) \quad (4.65)$$

$$P(\varphi_{t_o} = 1) = 1 - F_{TD}(t_0 < t^{start}, t_0 + 24 \geqslant t^{end}) - F_{TD}(t_0 \geqslant t^{end}) \quad (4.66)$$

$$L_{t_0} = \varphi_{t_o} \cdot P_{charge} \quad (4.67)$$

蒙特卡洛（Monte Carlo）法也被称为统计模拟法。该方法通过抽样模拟出与原始问题相对应的随机数或者伪随机数，从而处理复杂的原始问题，是一种基于概率统计理论的方法。随着计算机技术的发展，该方法凭借其重复实验的高效性，在各个领域得到了广泛的应用。其实施步骤一般主要包括以下 3 步。

（1）分析每个可变因素的可能变化范围及概率分布。

（2）基于步骤（1）提出的可变范围和概率分布，利用计算机模拟随机抽样获取单个样本。

（3）重复步骤（2）得到多个样本，将所有样本进行叠加，从而得到满足概率分布特征的整体模型。

如图 4.8 所示，本书采用蒙特卡罗法模拟充电负荷。在每一次模拟运行中，通过叠加每辆电动汽车的充电需求 L_{t_0} ，可以得到总负荷曲线 TL_{t_o} 。式（4.68）和式（4.69）旨在以 0.05% 为上限对于方差系数 β_{t_o} 进行约束，从而保障收敛程度。其中，N 为模拟次数，$\overline{TL_{t_o}}$ 和 $\sigma(TL_{t_o})$ 分别为 t_0 时段的负荷期望值和标准差。

$$\beta_{t_o} = \frac{\sigma(TL_{t_o})}{\sqrt{N} \cdot \overline{TL_{t_o}}} \quad (4.68)$$

$$\beta = \max(\beta_{t_1}, \cdots, \beta_{t_o}, \cdots, \beta_{t_{24}}) < 0.05\% \quad (4.69)$$

基于主流的电动汽车型号和充电桩产品相关数据，本书假设 $Cap^{EV} = 50\text{kWh}$ ，$U_{electricity} = 0.15\text{kW/km}$ ，$P_{charge} = 8\text{kW}$ 。考虑到配电网的一般性容量限制，车队规模预计为 10 ~80 辆。为了充分实现随机抽样这一过程，模拟次数 N 被设置为 10000，则可以得到一系列充电负荷曲线。本书采用 K-Medoids

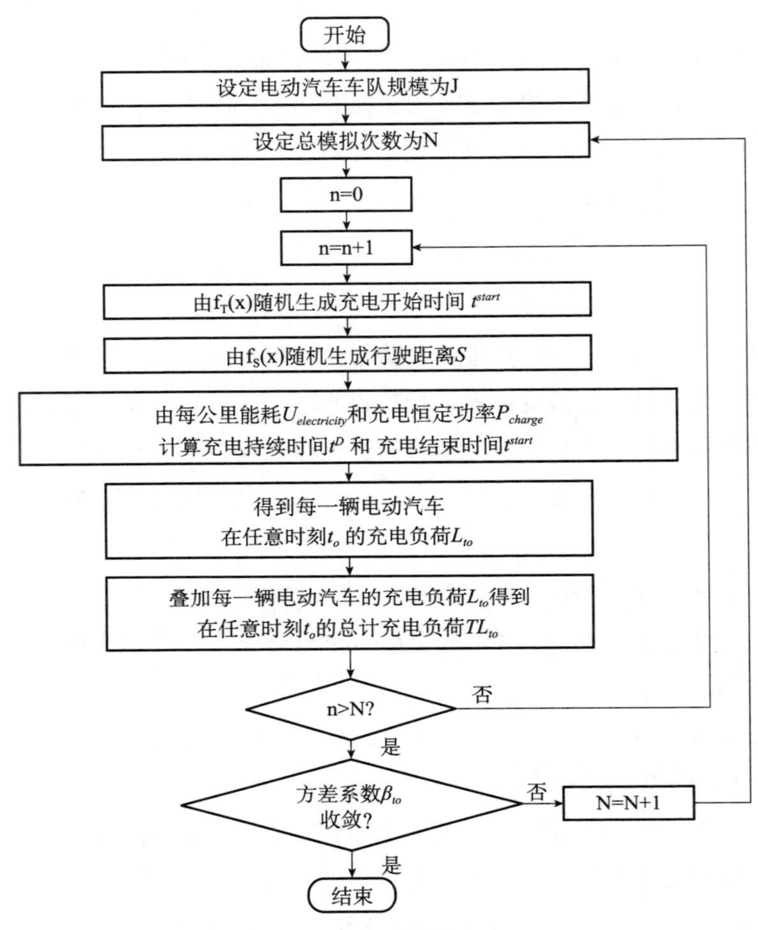

图 4.8 蒙特卡洛算法流程

聚类算法，对于各时间点上各曲线之间的距离进行计算，选取最具代表性的情况作为后续研究的输入参数，如图 4.9 所示。

4.4.4 其他参数

本书假设每辆车的单位停车位面积 S^{space} 为 15 平方米，其与单位光伏系统占地面积 $Scale^{PV}$ 、单位充电站占地面积 $Scale^{PL}$ ①的换算比例分别为 0.15

① 每辆车的单位充电站占地面积，除了包括停车位面积以外，还包括停车位之间的间隔面积、出入口通道面积等。

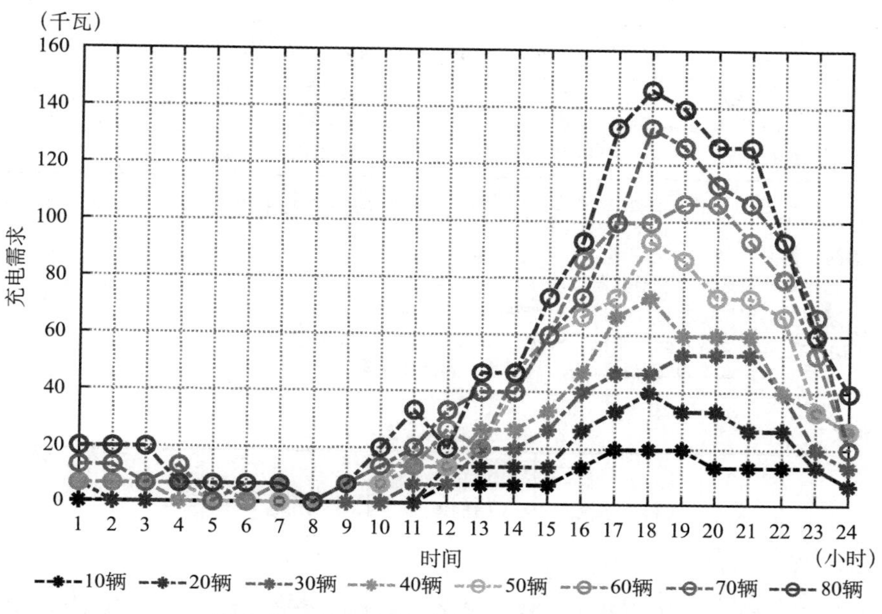

图 4.9　不同电动汽车车队规模下充电负荷

和 1.25。停车场的年租金 $CapEx^{PL}$ 约为 548 元/平方米，年运营和维护成本 $OpEx^{PL}$ 为租金价格的 2%。为了充分提供模型的可行域，储能系统安装容量的上限 Z^{bat} 被设置为车队规模乘以每辆电动汽车的电池容量 Cap^{EV}，即由储能系统供应车队所需的全部充电电量。基于市场推广的主流充电桩产品情况，本书假设慢速充电桩 RP_{fc} 和快速充电桩 RP_{rc} 的额定功率分别为 7 千瓦和 50 千瓦。另外，运营商对于电网进行升级改造，接入这两类充电桩的等效年成本分别为 1235 元和 2480 元。光伏系统、慢速充电桩和快速充电桩在其寿命期间的平均输入/输出效率分别为 88%、85% 和 85%。其他相关参数如表 4.4 和表 4.5 所示。

表 4.4　运营和维护成本参数

设施	等效年成本	年运营和维护成本	来源
光伏系统	479 元/千瓦	96 元/千瓦	韩晓娟等（2018），米亚迪亚兹·莎菲卡等（M Shafie-Khah et al.，2016）
全新电池储能系统	348 元/千瓦时	70 元/千瓦时	
梯次利用电池储能系统	191 元/千瓦时	38 元/千瓦时	

续表

设施	等效年成本	年运营和维护成本	来源
慢速充电桩	4655 元/个	870 元/个	落基山研究院（Rocky Mountain Institute, 2019）；陈天进等（2020）
快速充电桩	45188 元/个	2610 元/个	

注：①等效年成本 $=\dfrac{\text{投资成本}\times\text{折现率}}{1-(1+\text{折现率})^{-\text{使用寿命}}}$；投资成本包括采购成本和安装成本。本书假设残值为初始价值的 30%，折现率为 7.0%。

②光伏系统包括电缆、逆变器等硬件。

③储能系统包括电缆、控制接口等硬件。

④充电桩包括电缆、支付系统、智能电表、馈线柱等硬件。

⑤运营和维护成本包括维护检查、数据收集和保修保险等。

表 4.5　充放电参数

参数	全新电池储能系统	梯次利用电池储能系统	电动汽车	来源
充放电效率系数	90%	80%	90%	唐岩岩等（2018）；童诗杰等（2013）
充放电速率系数	85%	85%	85%	
可用电量最低占比	5%	10%	5%	
可用电量最高占比	95%	80%	95%	
V2G 模式损耗成本	0.1436 元/千瓦时	0.1479 元/千瓦时	0.1392 元/千瓦时	基本能源公司（2019）

4.5　投资决策及经济价值分析

4.5.1　设施投资规模

在设施配置方面，一旦引入光伏系统，最优的决策是充分利用充电站场地的可用空间，即达到可安装容量的上限。例如，当车队规模为 50 辆时，S2、S3 和 S4 中的最优光伏系统安装容量均为 31.5 千瓦。在储能系统方面，尽管梯次利用电池储能系统相较于全新电池储能系统在性能上存在一些劣势，如充放电效率较低、V2G 模式损耗较高等，但其价格成本仍然具有优势，使得 S4 的储能系统最优安装容量通常大于 S3。例如，在车队规模为 50 辆的情况下，S3 和 S4 的储能安装系统最优容量分别为 33 千瓦时和 99 千瓦时。在充电桩配置方面，最优安装数量结果如图 4. 10 所示。

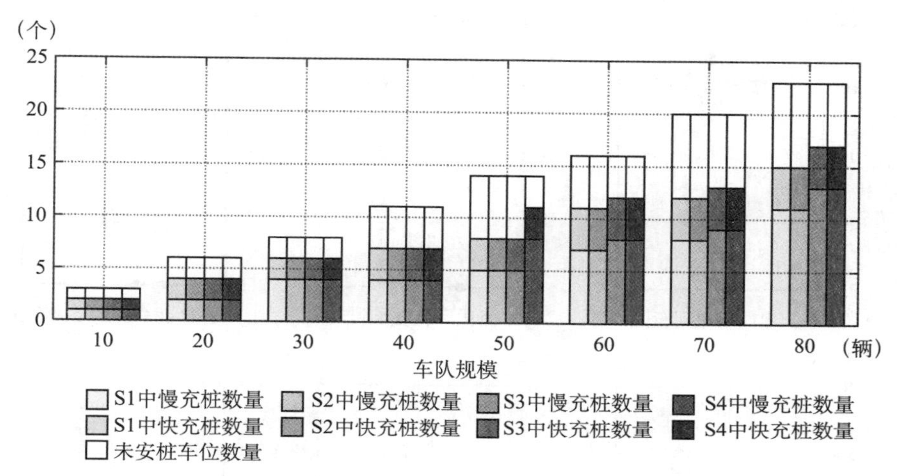

图 4. 10　不同商业模式下充电桩安装数量

在保持电动汽车车队原有行驶特征的前提下，即便充电站运营商提前完成某些车辆的充电任务，该车辆仍将继续停放在车位，直到指定时间。换言之，充电站能够安装的充电桩总量取决于任意时刻停放的最大车辆数。图中的未安桩车位，即指该车位仅可以用来停放车辆，但并未安装慢速或者快速充电桩。总体而言，慢速充电桩的安装比例为 62. 11%，略高于快速充电桩的占比。另外，在充电需求较小时，如在车队规模为 10 辆和 20 辆的情况下，充电桩的最优安装数量不会受到商业模式改变的影响。然而，随着车队规模的扩大，混合商业模式对于充电桩安装数量的促进效果得以显现。平均而言，S3 和 S4 中的充电桩安装数量相比于 S1 分别增加了 7. 69% 和 17. 06%。

4. 5. 2　能源管理策略

在传统商业模式和混合商业模式中，由于所选定的基础设施组合和规模不同，其所采取的最优能源管理策略也有所不同。本书以 50 辆电动汽车的车队规模为例展开分析。由于各商业模式在电力传输的总量上存在区别，由图 4. 11 的箱线图对于各情景的汇总范围进行展示。

为了突出体现能源管理策略在时间选择上的差异，图 4. 12 对于第 4. 4. 1 节中识别出来的 12 个情景的平均能源传输情况进行了展示。其中，第一象限

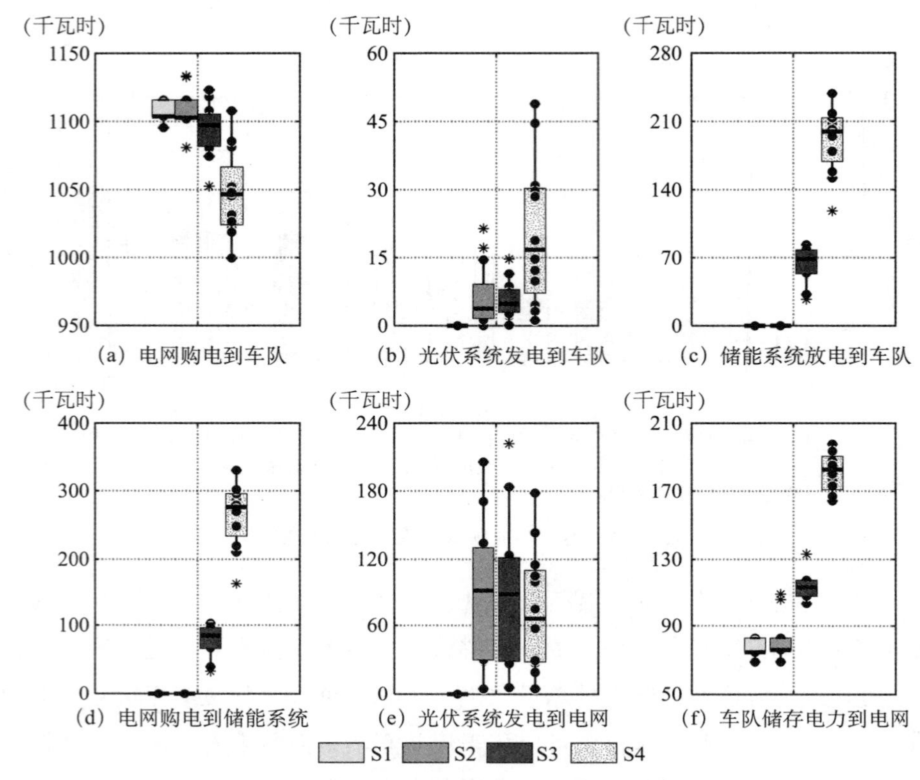

图 4.11　不同商业模式及情景下每日电力传输总量

被定义为充电站侧各种设施之间的电力传输情况，第三象限则被定义为由充电站侧至电网侧的电力传输情况。另外，黑色线条轮廓表示车队的充电需求，由三部分来源供应：从电网直接购买充入的电力、从光伏系统充入的电力和从储能系统充入的电力。

S1 中车队充电需求的实现完全依赖于电网电力的输入，如图 4.12 所示。尽管这种传统商业模式缺乏与光伏系统和储能系统的集成，但将电动汽车与具有 V2G 功能的慢速充电桩相连接仍然可以将电池中存储的多余电力卖回至电网。从图 4.11 中可以发现，与其他混合商业模式相比，S1 中该部分电量相对较少。一方面，这是由于各车辆的充电时间窗口一般不长，较难在一定时间内发现价格套利机会；另一方面，这是由于反向电流传输会导致车队电池损耗，进一步削弱了 V2G 模式的经济吸引力。

在 S2 中，虽然光伏系统成为另一电力供应来源，但从电网购买的电力仍

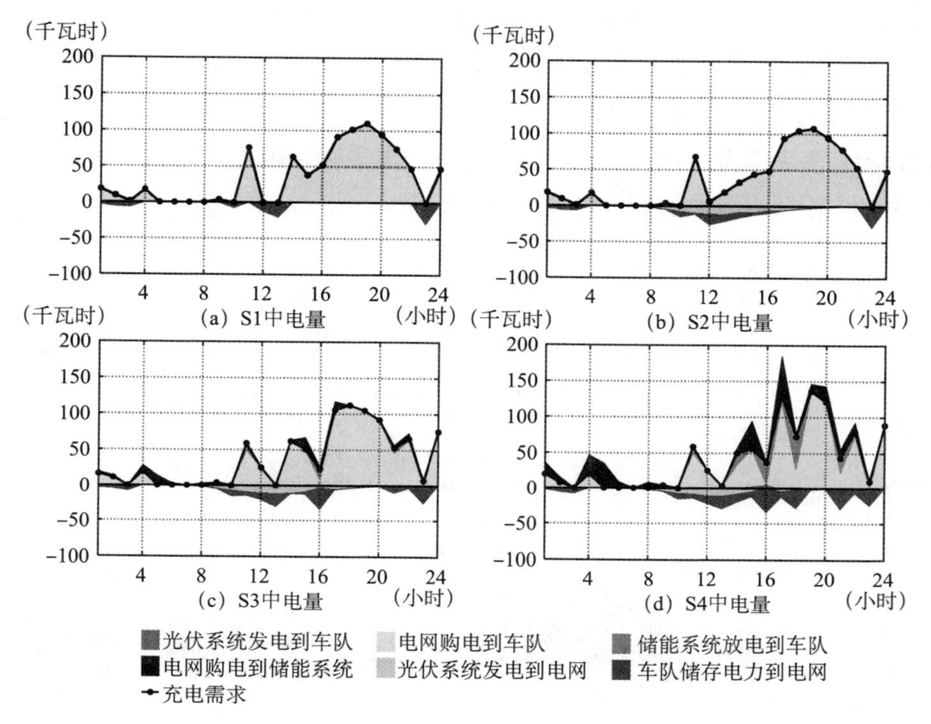

图 4.12　不同商业模式下平均每日电力传输情况

然占主导地位。如图 4. 11 所示，该部分电力约为 1100 千瓦时。首先，这是因为停车位的总面积是有限的，也即可以安装的光伏系统容量不大。其次，如图 4. 5 和图 4. 9 所示，光伏系统的发电量峰值出现在充电需求峰值之前，这意味着很大一部分光伏系统发电量无法及时被使用。因此，将过多的光伏系统发电量卖回至电网成为一个可取的选择，该部分约占到了总发电量的 93. 36% 。另外，从车队电池输出至电网的电量达到了 85 千瓦时，这相比于 S1 增加了 5. 72% 。

在 S3 和 S4 中，储能系统的引入进一步丰富了能量管理策略的选择。如第 4. 5. 1 节中所述，由于梯次利用电池储能系统的成本较低，S4 的最优容量大于 S3，具有更大的物理储存空间和操作灵活性。由图 4. 12 可以发现，储能系统中的存储电量已成为完成充电需求的另一重要贡献来源。如图 4. 11 所示，在 S3 和 S4 中，直接从电网购入充至电动汽车车队的电量显著下降。同时，其从车队输出至电网的电量比 S1 分别高出 49. 06% 和 134. 84% 。另外，

S3 和 S4 同 S2 采取的管理策略一致，将光伏系统发电量充入至电动汽车车队或卖回至电网，而非存储至储能系统中以延长持有时间。虽然具有 V2G 功能的慢速充电桩可以实现电动汽车和储能系统的双向电力交换，但多次充放电过程中伴随着能量损耗，会给经济性带来负面影响，因此仅有储能系统放电至电动汽车这一方向的电力传输过程存在。

4.5.3 充电桩利用率

为了进一步分析慢速充电桩和快速充电桩在不同商业模式中的作用，图 4.13 显示了平均每日采用 V2G 或 G2V 模式的时间分布情况。

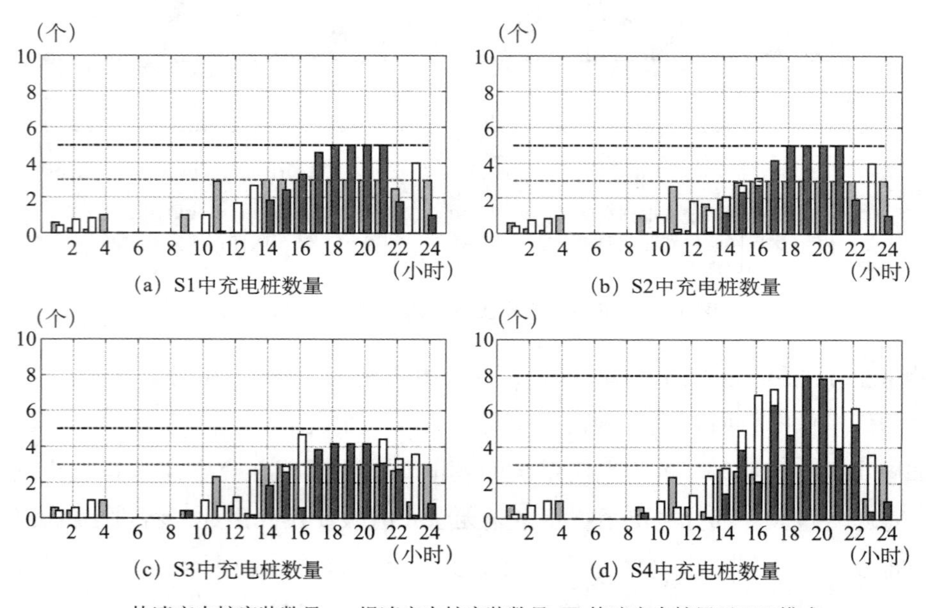

图 4.13 不同商业模式下平均每日充电桩使用情况

在 S1 和 S2 中，慢速充电桩主要负责从电网到车队的单向电力传输，G2V 模式的采用频率与图 4.9 中的负荷曲线趋势基本一致。由图 4.3 和图 4.4 可知，为了缓解电网侧在 17～20 点的电力供应压力，该时间段对应的辅助服务价格和充电服务价格均处于较高水平。另外，这也是比较集中的充电时间窗口，为充电站运营商提供了价格套利的机会。然而，S1 和 S2 中的 V2G 模式采用率并不高，仅占慢速充电桩总使用情况中的 13.86% 和 14.56%。

在 S3 中，与储能系统的集成也会影响快速和慢速充电桩的作用。在慢速充电桩的使用方面，V2G 模式的采用率提高到了 20.83%。如图 4.13 所示，充电站输出至电网的电力大部分来自车队。这意味着实际的充电需求大于车队到达充电站时所消耗的电量。由于快速充电桩拥有较高的功率，它们可以保证在规定时间内完成充电任务，起到了对 V2G 活动的辅助补充作用。例如，在 20～24 点，53.19% 的 G2V 模式是由快速充电桩实现的，这一比例比 S1 高出 12.16%。

S4 中更大容量储能系统的引入使得慢速充电桩的安装量达到 8 个，比 S1 增加了 60%。通过提前储存以低价购买的电力，车队可以向电网输出更多的电力，特别是在辅助服务价格较高时。在慢速充电桩的使用方面，V2G 模式的采取比例达到 24.83%，比 S1 提高了 79.08%。在快速充电桩的使用方面，其利用率达到 18.17%，比 S1 提高了 13.77%。

4.5.4　梯次利用经济价值

与 He 等研究相似，本书以投资回报率（return on investment，ROI）为指标评价投资可行性，具体表示为：

$$ROI = \frac{\text{充电服务收入} - \text{充电服务成本} - \text{基础设施运营维护成本}}{\text{基础设施投资成本} + \text{土地购置费用}} \tag{4.70}$$

如图 4.14 所示，当车队的充电需求不够大时，充电基础设施无法得到充分利用，而随着车队规模的扩大，ROI 呈现上升趋势。例如，当车队规模为包括 60 辆电动汽车时，这四种商业模式均可以实现正的 ROI。另外，充电桩与光伏、储能系统这些辅助设施的集成有助于提高 ROI。与 S1 相比，S2、S3 和 S4 的 ROI 平均分别提高了 1.74%、4.58% 和 5.39%。

如第 4.5.1 节中所述，在三种混合商业模式中，光伏系统的最优安装容量是相同的，即充分利用充电场地的面积，而充电桩和储能系统的配置规模是不同的。为测度梯次利用电池储能系统的引入所带来的经济价值，本书以 S2 的总收益为基准参照，并以其慢速充电桩个数、快速充电桩个数、光伏系统安装容量为配置标准，求解 S4 中梯次利用电池储能系统的最优安装容量及

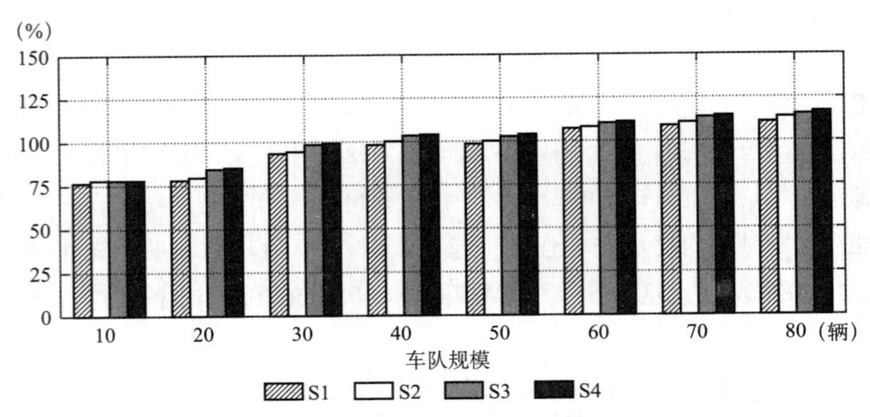

图 4.14　不同商业模式下充电站的投资回报率

其对应总收益。换言之，除了梯次利用电池储能系统以外，在其余充电设施配置规模相同的基础上，通过比较 S2 和 S4 的收益差额，即可得到单位容量梯次利用电池储能系统在整个使用寿命期内的经济价值。

在车队规模依次为 10～80 辆的前提下，梯次利用经济价值经核算分别为：78 元/千瓦时、309 元/千瓦时、592 元/千瓦时、354 元/千瓦时、310 元/千瓦时、576 元/千瓦时、346 元/千瓦时和 628 元/千瓦时。本书取平均值 399 元/千瓦时作为第 5 章动力电池回收利用市场中梯次利用经济价值的输入参数。

4.6　本章小结

动力电池梯次利用产业正处于向商业化应用转变的过渡阶段。随着充电桩被纳入“新基建”领域，光储充一体化充电站成为了重要的梯次利用场景。由于缺乏对于充电设施联合作用的认识，盈利难的问题掣肘充电站发展。本书提出一种传统的和三种混合的商业模式，为 S1 – 集成充电桩，S2 – 集成充电桩和光伏系统，S3 – 集成充电桩、光伏和全新储能系统，S4 – 集成充电桩、光伏和梯次利用储能系统。在需求侧和供给侧都存在不确定性的情况下，本书基于设施投资和业务运营构建了两阶段优化模型，采用 Benders 分解算法，求解了设施配置规模和能源管理策略，开展了动力电池梯次利用经济价值测度研究。

基于本章的研究结果得出以下结论：一是混合商业模式有助于提高充电站的投资可行性和充电桩的安装数量。与 S1 相比，S2 ~ S4 的 ROI 分别增加了 1.74%、4.58% 和 5.39%，S3 和 S4 的充电桩安装量分别增加了 7.69% 和 17.06%；二是在车队规模为 10 ~ 80 辆的前提下，单位容量电池的梯次利用经济价值为 78.34 ~ 628.29 元/千瓦时；三是光伏和储能系统的集成使慢充桩承担更多的 V2G 活动，而快充桩起到辅助补充作用。与 S1 相比，S2 ~ S4 中慢充桩的 V2G 模式采用比例分别提高了 7.72%、52.36% 和 52.38%，快充桩的使用率分别提高了 1.88%、2.12% 和 2.82%。

第5章 基于居民用户有限理性的动力电池回收意愿影响因素及其机理研究

除了第3章和第4章所探讨的退役动力电池时空分布和梯次利用经济价值以外，居民用户参与正规回收渠道积极性不高的问题也掣肘动力电池回收市场的发展。基于第2章所述的计划行为理论及结构方程模型工具，本章将对居民的回收行为展开调查，并识别驱动因素、量化影响路径、探讨形成机理。

5.1 居民用户移交积极性低

截至2020年9月，共有165家汽车生产企业在除我国港澳台地区外的31个省级行政区域设立了12898个动力电池回收服务网点。其中，设立回收服务网点数量排名前三位的汽车生产企业为浙江豪情汽车制造有限公司、上汽大众汽车有限公司和天津一汽丰田汽车有限公司，分别为785个、762个和636个，其占比依次为6.09%、5.91%和4.93%。汽车生产企业数量排名前三位的省份为广东、浙江和天津，分别为113家、105家和102家，其占比依次为68.48%、63.64%和61.82%。回收服务网点数量排名前三位的省份为广东、江苏和浙江，分别为1261个、970个和950个，其占比依次为9.78%、7.52%和7.37%。尽管回收服务网点的建设已经取得了一定的发展，但是真正从正规渠道回收上来的动力电池寥寥无几。据高工锂电统计，2019年我国退役动力电池的回收率仅为24.8%。这主要是由于现存的动力电池回收渠道中存在较多的非正规回收企业，如简易小作坊和挂靠于普通废旧物资回收公司名下的企业。

当前，电池租赁、换电等车电分离的新兴消费方式还处于初步发展阶段，整车加电池的捆绑销售模式在市场上依然处于绝对的主流。换言之，消费者在购买新能源汽车之后便实际上拥有了动力电池的终端所有权。在《新能源汽车动力蓄电池回收利用管理暂行办法》中提到，在动力电池需要维修更换、报废退役时，新能源汽车所有人应将其移交至有关回收服务网点；如果移交至其他单位或个人，由于私自拆卸、拆解动力电池而导致环境污染以及安全事故的，需要承担相应责任。然而，由于相关监管体系还有待完善，该要求并不具有强制性。为了履行生产者责任延伸制度的要求，汽车生产企业在购车协议通常也加入了客户有责任回收动力电池这一项条款，但在实际操作中并不具备约束力。如果动力电池在保修期内出现故障，消费者一般会主动联系汽车生产企业进行维修和更换。如果在保修期之外，消费者并不一定愿意将退役动力电池移交至正规回收服务网点。

非正规回收企业往往缺乏专业的营业资质和先进的配套设备。例如，回收企业在服务网点应配备消防沙箱、消防栓、消防喷淋系统等消防设备，应采用专用车辆按照《危险货物道路运输规则》（JT/T 617）等要求对退役动力电池进行运输。另外，工信部在 2018 年通过技术资质评估，公示了 5 家符合综合利用行业规范条件的企业名单，并在 2023 年将其扩充至 63 家。然而，白名单并不具有强制排他性，未达标的综合利用企业仍然充斥其中。在对退役动力电池进行粗放拆解、简单修复、翻新包装后，这些企业往往仅将其中所含的贵金属转卖，剩余部分丢弃为电子垃圾。这不仅浪费了宝贵的有价金属资源，还有可能造成难以逆转的环境污染。非正规回收企业通常会和非正规综合利用企业形成上下游的合作网络，使得退役动力电池流向劣质电动自行车和手机充电宝等领域，导致安全问题顺延到消费产品市场。与此同时，由于暂未形成有效的监管措施，这些非正规回收企业可以通过牺牲环境、降低技术要求来进一步降低相关处理成本，从而抬高回收价格来吸引消费者，以增加其在回收市场上的竞争优势。在我国最大的二手物品交易平台“闲鱼”上有众多回收退役动力电池的买家，其信用评级良好、信息更新活跃、求购价格较高。由于工艺流程复杂、设备成本高昂、排放标准严格，正规综合利用企业需要充分提高产能利用率来实现盈利。然而，居民用户选择正规渠道进行动力电池回收的意向较弱，导致电池资源严重向非正规回收渠道倾斜，资质企业的规模效应难以得到发挥，为了维持正常生产运作，甚至需要向非正规回收企业收购退役动力电池。总之，非正规回收企业的竞争不仅压缩了资质企业的盈利空间，扰乱行业规范发展的秩序，还给作业安全、人类健康、生态环境带来了极大的隐患。

加强居民用户对于正规回收渠道的选择意向是实现动力电池闭环供应链的关键，已经成为动力电池回收管理中亟待解决的紧要问题。由第 2.2.2 节的总结可知，当前还鲜有文献从居民视角出发对其动力电池回收活动参与意愿进行探讨。因此，本章旨在构建居民用户退役动力电池回收活动参与意愿的理论模型，运用结构方程模型识别驱动因素、量化影响路径、探讨形成机理，深入分析回收认知状况和回收态度偏好的差异性作用，以期为政府相关部门的政策制定提供参考来更好地引导居民的回收行为，并为本章的仿真模型构建提供理论依据和参数基础。

5.2 结构方程模型

结构方程模型建立在传统分析方法上，对路径分析（path analysis）和因子分析（factor analysis）等统计技术进行了综合改进，从而得以刻画观测变量与潜变量之间的关系，以及潜变量与潜变量之间的关系，又被称为潜变量模型或协方差结构模型。它能够从微观个体出发，对于事物间的宏观因果规律与关系进行探索，并通过路径分析图进行反映，可以用来处理复杂的多变量研究与分析。它通常需要基于理论文献或经验法则来构建具有因果关系的假设模型图，再通过所收集的变量数据来验证所设定的结构关系、所提出的假设条件是否具有正确性、合理性。结构方程模型的本质是一种验证式因果分析，即比较研究者所假设模型的协方差矩阵与实际搜集资料导出的协方差矩阵之间的差异。

5.2.1 基本概念

结构方程模型通常涉及如下基本概念。

（1）观测变量（observed variables）：也被称为测量指标（measured indicators）或者外显变量（manifest variables），是指用来推论潜在变量、可直接被测量的指标，一般通过问卷调查获取数据，可以是量表在个别题项上的得分，或是量表在个别题项上的得分再经过加总求和、加工转化的其他量化分数。

（2）潜在变量（latent variables）：也被称为无法观察变量（unmeasured indicators）或者构念（construct），是指无法直接测量的变量，是某种特质或者抽象概念，需要通过一组观测变量来间接地进行测量或者观察。依据多元指标原则，一个潜在变量必须以两个以上的观测变量来估计。

（3）外生变量（exogenous variables）：也被称为自变量（independent variables），是指模型中不受任何其他变量影响，但影响其他变量的变量。外生变量可以是潜在变量也可以是观测变量。

（4）内生变量（endogenous variables）：也被称为因变量（dependent variables），是指模型中会受到其他任意一个变量影响的变量。内生变量可以是潜在变量也可以是观测变量。

（5）测量误差（measurement errors）：也被称为残差（residual）是指模型中特定的变量无法被相关因素所解释的变异，在测量模型中为潜在变量无法被观测变量所预测或解释的误差值，在结构模型中为内生潜在变量无法被外生潜在变量所预测或解释的误差值。

（6）因子负荷量（factor loading）：是指模型中潜在变量与观测变量之间的关系。该值越高表示观测变量受到对应潜在变量影响的程度越大，该值越低表示观测变量受到对应潜在变量影响的程度越小。

5.2.2 模型原理

一个完整的结构方程模型框架通常包含测量模型与结构模型这两个部分。

（1）测量模型（measurement model）。测量模型指的是利用观测变量来构建潜在变量的模型，旨在探究这两者之间的关系。从数学角度而言，测量模型是一组观测变量的线性函数，即：

$$x = \Lambda_x \xi + \delta \tag{5.1}$$

$$y = \Lambda_y \eta + \varepsilon \tag{5.2}$$

其中，x 为外生观测变量组成的向量；y 为内生观测变量组成的向量；Λ_x 表示外生观测变量与外生潜在变量之间的关系，是前者在后者上的因子载荷矩阵；Λ_y 表示内生观测变量与内生潜在变量之间的关系，是前者在后者上的因子载荷矩阵；ξ 为外生潜在变量；η 为内生潜在变量；δ 为外生观测变量 x 的误差项，δ 的均值为0，与 ξ 、η 及 ε 之间均不相关；ε 为内生观测变量 y 的误差项，ε 的均值为0，与 ξ 、η 及 δ 之间均不相关。

（2）结构模型（structural model）。结构模型是建立潜变量与其他潜变量之间关系的模型，旨在探究这两者之间的路径联系，通常由以下方程式表示：

$$\eta = B\eta + \Gamma\xi + \zeta \tag{5.3}$$

其中，B 表示内生潜在变量之间的关系；Γ 表示外生潜在变量对内生潜在变量的影响；ζ 表示结构方程的残差项，ζ 的均值为0，与 ξ 、δ 及 ε 之间均不相关。

5.2.3 图形符号

矩阵结构分析（analysis of moment structures，AMOS）是 IBM 旗下一款强大的统计分析软件，可以扩展标准多变量分析方法（包括回归、因子分析、相关分析以及方差分析），并利用直观的图形或程序化用户界面清晰反映研究对象之间复杂的影响关系，经过多年的发展已经成为广为使用的结构方程建模工具。在 AMOS 的操作界面中，模型框架如图 5.1 所示，各图形和符号含义如表 5.1 所示。

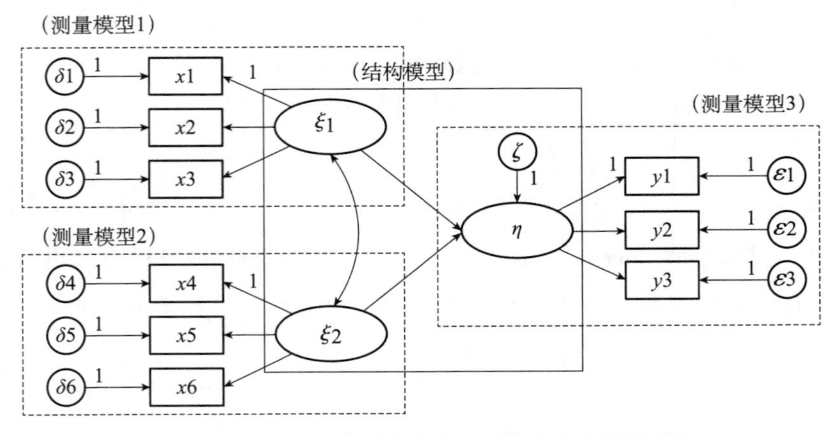

图 5.1　AMOS 软件平台操作界面结构方程模型框架

表 5.1　　AMOS 软件平台操作界面相关图形及符号含义

图形	含义	符号	含义
长方形	观测变量	ξ	外生潜在变量
椭圆形	潜在变量	η	内生潜在变量
圆形	潜在变量	y	内生潜在变量 η 的观测变量
有箭头指向其他变量	外生变量	x	外生潜在变量 ξ 的观测变量
被其他变量的箭头所指向	内生变量	ε	观测变量 y 的测量误差项
单向箭头	单向影响	δ	观测变量 x 的测量误差项
双向箭头	双向影响	ζ	内生潜在变量 η 的残差项

另外，使用 AMOS 软件绘制结构方程模型框架图时，需遵循如下基本假定。

（1）测量模型中观测变量的测量误差项的路径系数应被内定为 1。

（2）测量模型中任意一个观测变量的路径系数应被内定为 1。

（3）所有观测变量、潜在变量、误差变量等的名称应当唯一，不能重复出现。

（4）所有内生潜在变量或者内生观测变量均需对应增加一个残差项。

（5）所有外生潜在变量之间均需以双箭头图形建立共变关系。

5.2.4　建模步骤

结构方程模型的构建通常遵循以下几个步骤。

（1）模型设定（model setting）：在明确研究问题以后，基于现有的公认定义、理论支撑及经验法则选择合适的潜在变量，并对其含义、内容和范围进行界定；合理选择观测变量，以充分反映潜在变量的抽象特征，保证最终结果的科学性，为了避免指标数量过少造成信息缺失、指标数量过多导致信息重复，一般针对每一个潜在变量选取 3 ~4 个的观测指标；根据文献调研结果和变量逻辑关系确定初始模型框架，在 AMOS 软件中将观测变量与潜在变量进行相互匹配，并设置相关误差干扰性，最后提出待检假设。

（2）模型识别（model specification）：其判定准则为模型中每一个待估计的自由参数是否能由观测数据求出唯一的估计值。如果有一个自由参数无法通过观测数据估计得到，则模型不可识别；如果均可估计得到，则模型可识别，又进一步细分为恰好识别和过度识别。另外，识别过程分为两步。第一步是判断潜在变量与观测变量之间能否进行识别（即测量模型识别），第二步是判断潜在变量与潜在变量之间能否进行识别（即结构模型识别）。

（3）模型拟合（model fitting）：即比较研究者所假设模型的协方差矩阵与实际搜集数据导出的协方差矩阵之间的差异，因此需要选用某种函数形式对于二者间的接近程度来进行拟合。较常用的估计方法有极大似然法（maximum likelihood，ML）、广义最小二乘法（generalized least squares，GLS）和未加权最小二乘法（unweighted least squares，ULS）。其中，ML 是 AMOS 中默认的估计方法，应用范围最为广泛。如果样本容量较大（如超过 500），并且观测数据符合多变量正态分布时，选取 ML 法最为合适，本书也将运用该种方法对模型进行拟合。如果样本容量较大，但观测数据不满足多变量正态分布时，GLS 方法比较适用。ULS 是一种依赖量尺单位的拟合方法，适用于观测变量均以相同单位进行测量时的情形。

（4）模型评价（model assessment）：即对研究者所假设模型与实际搜集数据拟合程度的优劣进行判定，包括了参数检验、适配度检验以及解释力评估这三个方面。其中，参数检验又可以进一步细分为参数的显著性检验和合理性检验这两个环节。显著性检验即为通过与显著水平 α 进行比较来判断是否接受假设模型。具体来说，当 $p>\alpha$，没有足够的理由拒绝原假设，换言之，接受假设模型；当 $p<\alpha$，拒绝原假设。有以下 5 种较为常见的违反模型估计的情形，具体包括：一是出现了负的误差方差；二是协方差间的标准化估计值的相关系数大于 1；三是协方差矩阵或者相关矩阵非正定矩阵；四是标准化系数超过或非常接近于 1；五是标准误极端大或小。适配度检验旨在评价研究者所假设分析图与实际搜集数据之间的一致性水平，主要包括了整体模型适配度指标和内在结构适配度指标以分别对应模型的外在质量和内在质量这两个方面。解释力评估是指研究者所假设模型对于实际搜集数据的拟合效果，由可决系数 R^2（$0\leq R^2\leq 1$）表示。R^2越接近 1，说明该模型对于数据的解释能力越强，反之则越弱。另外，不能因为某一变量某项指标的不显著或某个适配度指标未达到标准就判定模型与数据拟合度过低，事实上要求所有指标都在标准范围之内是较为困难的，因此可适当放宽条件。

（5）模型修正（model modification）：如若研究者所假设的模型与实际搜集数据的适配情况不佳，在以相关理论依据作为支持的前提下，研究者可以将不合理的或是未达到显著水平的影响路径删除，或针对初始理论模型进行局部修改或调整，进一步删除或者添加某条路径、参数或者变量等，以提高模型的适配度。模型适配度不佳可能有以下几个原因：一是所搜集数据的分布特征与样本量大小不符合所选用参数估计方法的假定；二是所搜集数据中存在缺失值或序列误差；三是所需估计的自由参数数量太少导致模型的自由度过大；四是所构建的假设模型不合理等。AMOS 软件提供的修正指标（modification indices，MI）可作为检验模型适配度改善情况的参考依据。MI 被定义为，释放某一参数估计时对于降低模型适配度卡方值贡献的大小。目前，学术界对于 MI 的最优阈值尚无统一的定论，常见的做法是从具有最大 MI 值的固定参数开始一次修正一个参数，避免使一个可识别的模型无法识别。

5.3　理论模型构建

鉴于当前还鲜有文献从居民视角探讨影响其参与动力电池回收活动的因素，本书对已有固体废物回收行为和低碳活动参与行为等相关研究中出现频率较高、影响较显著的因素进行了梳理总结，将其归纳为回收认知、回收态度、经济回报、主观规范、感知行为控制、自我认同、回收决策这 7 个主要方面。其中，回收认知和回收态度将作为本书对于被调查对象进行特征分组的依据，经济回报、主观规范、感知行为控制、自我认同和回收决策将作为重点刻画的研究变量。

5.3.1　分组属性

1. 回收认知

认知是指个体在受到外部刺激以后进行感知记忆、表象加工、价值判断和意念建构的能力。环境认知是指个体对与环境相关的各种认识的综合表现，包括对环境本身的认识、对个体与环境关系的认识以及对保护环境的认识等。个体的认知水平是制约和规范其行为的重要基础。片面、错误的认知是导致不良行为产生的重要来源，而全面、正确的认知则是引导良好行为产生的重要推力。

例如，吴林海等（2011）发现，如果农业生产者对于农药质量标准认知和农药残留危害认知越为深入，其规范施用农药的行为倾向就越为强烈；反之，如果农业生产者缺乏农药相关知识，其在农药施用过程中越易出现随意性、无序性和过量性。王彬彬等（2019）发现，如果公众对于全球气候变暖的实际成因认知、危害影响认知、主体责任认知和政策工具认知等了解程度越为清晰，其购买环境友好型产品的意愿就越为强烈，甚至愿意支付更高的价格；反之，如果公众缺乏相关知识储备，往往无法发现或感受到环境友好型产品在功能方面上的优势，也不会试图去选择这些产品。

本书旨在了解居民用户当前对于退役动力电池回收活动的认知情况，并以认知的深浅程度为特征进行人群分类。鉴于当前还鲜有针对退役动力电池的居民认知水平题项设计作为参考，本书主要从退役动力电池的使用寿命、垃圾分类、回收主体、处理环节、环境危害这 5 个角度展开调查，以期对于被调查对象的认知水平做出较为全面的评价。具体题项设计如表 5.2 所示。其中，该处客观题目的答案均来自相应官方政策文件。

表 5.2　针对回收认知的题项设计

<table>
<tr><th>序号</th><th>题目及选项</th><th>参考来源</th></tr>
<tr><td>1</td><td>动力电池的使用寿命一般为？（单项选择题）
（A）1～4 年（B）5～8 年（C）9～12 年（D）13～15 年</td><td rowspan="2">中华人民共和国发改委发布的《电动汽车动力蓄电池回收利用技术政策（2015 年版）》</td></tr>
<tr><td>2</td><td>动力电池属于下列哪一种垃圾分类？（单项选择题）
（A）可回收垃圾（B）有害垃圾
（C）其他垃圾（干垃圾）（D）厨余垃圾（湿垃圾）</td></tr>
<tr><td>3</td><td>下列哪些企业主体拥有回收废旧动力电池的资质？（多项选择题）
（A）汽车生产企业（B）汽车修理厂（C）4S 店
（D）流动商贩（E）普通废品收购站（F）第三方专业回收企业</td><td rowspan="2">中华人民共和国中央人民政府发布的《新能源汽车动力蓄电池回收利用管理暂行办法》</td></tr>
<tr><td>4</td><td>动力电池的回收处理环节通常包括？（单项选择题）
（A）作为储能设备继续应用于太阳能路灯、通信基站
（B）提取其所含有金属材料并应用于新电池的再生产
（C）以上两者皆是（D）土地掩埋</td></tr>
</table>

续表

序号	题目及选项	参考来源
5	动力电池处理不当的危害包括？（单项选择题） （A）触电、燃爆等安全隐患（B）重金属、电解液等环境污染 （C）锂、钴及稀土金属资源浪费（D）以上三者皆是（E）以上皆不是	中华人民共和国工信部发布的《新能源汽车动力蓄电池回收利用调研报告》

2. 回收态度

态度是个体基于对特定对象存在的记忆、理解、信念、情感和想象所持有的一种持久、稳定的心理倾向。环境态度是指个体在与环境进行互动的过程中得到的总结性评价与看法，包括对环境本身的立场、对个体与环境关系的立场以及对保护环境的立场等，可以表现为赞同或反对、喜欢或厌恶、正面或负面等感受。态度被视为行为预测的关键性影响因子。消极的态度是导致行为被扼杀的重要原因，而积极的态度则是行为真正得以实践的重要驱动。

例如，曲英等（2010）考察了居民对于垃圾分类活动的认可程度、评价水平和意义判定，发现正向的环境态度可以有效激发公众的目标意愿和执行意愿，进而推进垃圾分类行为的切实执行。徐国虎等（2010）发现消费者对于新能源汽车的发展前景、环保性能和必要程度的评价水平与购车决策之间有着显著的相关性关系。消费者所持有的态度越为正向，其购车买意愿转化为实际购买行为的可能性就越大。

本书旨在了解居民用户当前对于退役动力电池回收活动的看法，并以态度的积极程度为特征进行人群分类。以相关固体废物回收行为研究和低碳活动参与行为研究为参考，本书主要从退役动力电池的环境保护态度、回收意义判定、回收责任归属、回收方式评价和环境质量期许这 5 个方面展开调查，并采用 5 点李克特量表法，以非常不同意、不同意、中立、同意、非常同意作为对于论述的认同程度，具体题项设计如表 5. 3 所示。

表 5. 3　针对回收态度的题项设计

序号	题目及选项	参考文献
1	保护环境不仅仅是政府和企业的责任，每个人都应做出力所能及的贡献	肖海林等（2020）
2	妥善处理废旧动力电池有利于节约资源、防范污染	

续表

序号	题目及选项	参考文献
3	消费者有责任尽量减少废旧动力电池对于生态环境可能带来的破坏	陈绍军等（2015）
4	回收企业的后续处置方式是否环保会影响我对于它们的选择	
5	推动废旧动力电池规范化回收处理会让生活变得更加美好	陈占峰等（2013）

5.3.2 理性因素研究变量

经济回报（Economic Incentive，EI）是指个体参与特定活动、达成特定目标等获得的现金和实物奖励，是引导其行为发生的重要驱动因素。例如，李创（2020）等发现，相比于不限购不限行、专属号牌等旨在提升使用体验的路权政策，低收入的潜在消费者更加关注前期的消费权益保障，即购车政策的经济激励，如新能源汽车的购置补贴、税收优惠和保险费用优惠等。相关优惠等政策越完备，其购买意愿越容易被激发。陈绍军（2015）等发现，将废纸、玻璃瓶、废铁等可回收物卖给再生资源点获取经济收益是促进垃圾行为的直接动因，这使得垃圾分类与经济激励间建立起条件反射式的联结。但是，过度强调报酬从长期来看，一方面会给政府带来较大的财政压力；另一方面也降低了人们对垃圾分类本身的兴趣，反而导致公众参与度低。

本书旨在探究经济回报对于居民用户参与退役动力电池回收活动意愿的影响。具体题项设计如表5.4所示。

表5.4　针对经济回报的题项设计

序号	题目及选项	参考文献
EI1	我认为参与废旧动力电池回收应当获得一定的经济回报	肖海林等（2020）
EI2	在回收动力电池时我担心没有经济补偿或者补偿过少	
EI3	当下正规回收渠道的回收价格达到了我的预期水平	苏春皓（2018）
EI4	回收价格水平的高低是我选择回收渠道的重要参考因素	陈占峰等（2013）
EI5	政府对回收价格进行补贴能促进更多的居民选择正规回收网点	

5.3.3 有限理性因素研究变量

理性人假设在现实生活中过于严苛。由于受到内外部条件的限制，人的决策实际上并不是完全理性的。除了经济因素以外，有限理性因素也发挥着重要的作用。在第 5.3.2 节中提出的经济回报基础上，本书在此处主要考虑了主观规范、感知行为控制、自我认同外生变量作为其余三项自变量，以及回收决策作为因变量。

1. 主观规范

主观规范（subjective norm，SN）是指群体及其成员对特定对象所形成的准则会对个体行为起到一定的指导和约束作用，反映了外界压力对个体行为的影响，也即“羊群效应”。一方面，这是因为个体为了减少信息搜寻成本，容易产生依附群体的思想，从而表现出更多的从众行为。另一方面，这也是因为个体为了降低潜在风险、产生归属感、获得一致认可、避免惩罚（如他人不友善的态度和评价等）等。主观规范又可进一步细分为示范性规范和指令性规范。其中，前者主要来自邻里亲朋的决策影响，后者主要来自政府部门的政策监管。

例如，谢明志等（2013）发现在农地转出中，农户的决策主要依赖于与其联系紧密的社会网络，其中家人、亲戚朋友和村里已转出农户构成了平级社会关系网，村集体和地方政府构成了上级社会关系网。当周围群体积极鼓励农地转出时，农户的农地转出行为意向就会增强；当上级关系提倡农地转出时，农户也可能更加倾向于进行农地转出。彭远春等（2013）也证实了主观规范在个体和企业亲环境行为中的重要作用。

本书旨在探究主观规范对于居民用户参与退役动力电池回收活动意愿的影响。具体题项设计如表 5.5 所示。

表 5.5　针对主观规范的题项设计

序号	题目及选项	参考文献
SN1	对我来说重要的人（如家人、朋友）会赞成我选择正规回收渠道	甘臣林等（2018）
SN2	社会舆论提倡我将废旧动力电池交付给正规回收网点	
SN3	如果很多亲戚朋友都选择正规回收渠道，我内心也会产生这种倾向	曲英等（2010）

续表

序号	题目及选项	参考文献
SN4	如果周围的人只有我没有选择正规回收渠道，我会感到内疚/格格不入/被孤立	彭远春（2013）
SN5	我觉得选择正规回收渠道是符合社会发展潮流的，是大势所趋的	

2. 感知行为控制

感知行为控制（perceived behavior control，PC）是指个体基于过去的经验和预期的判断，在执行某特定行为时所感受到的相关促进或阻碍因素，反映了个体对该行为难易程度的主观认识。感知行为控制又可以进一步细分为控制信念和感知强度。其中，前者是指个体所拥有的信息知识、专业技能、可投入时间、可投入资金等资源利用方面上的限制，后者是指个体对自身能力、意志力等的评估。理论上，个体所预期的阻碍愈小、所掌握的资源愈多、所展现的自信水平越高，则其行为落实意向越强。

例如，肖海林等（2020）以新能源汽车为例发现，在绿色变轨型高技术产品的市场启动期初期，对于消费者的感知行为控制水平要求较高。首先，是因为新型产品难以制定比市场上已经普遍推广的同档次主流产品更低的价格，需要消费者具有一定的经济能力；其次，是因为新型产品存在核心技术的轨道变迁，使得产品本身的技术、功能特征与主流产品有着明显的不同，因此需要消费者具备较高的信息储备；最后，是因为新型产品的使用环境相比于主流产品还有待完善，对于消费者风险驾驭和风险抵抗能力提出了要求。蔡志坚等（2012）发现在农地、林地的转出过程中，渠道掌握程度、时间成本承受能力、流转纠纷解决能力是农户所关注的关键问题，也是影响其转出意愿践行与否的重要影响因素。

本书旨在探究主观规范对于居民用户参与退役动力电池回收活动意愿的影响。具体题项设计如表 5.6 所示。

表 5.6　针对感知行为控制的题项设计

序号	题目及选项	参考文献
PC1	我不愿意花费过多的时间和精力将废旧动力电池送至回收点	陈占峰等（2013）
PC2	我有能力使用互联网等媒体资源来获取相关回收网点的位置和信息	
PC3	如果某个回收网点与我之间的距离比较近，我会考虑将该处作为移交点	

续表

序号	题目及选项	参考文献
PC4	完善的网点布局和设施配备有利于促进人们选择正规回收渠道	王晓楠等（2020）
PC5	我认为参与动力电池回收一点都不麻烦，我可以很容易地完成	甘臣林等（2018）

3. 自我认同

自我认同（self identity，SI）是指个体以自我为主体，看待自身所具有的某种特质、属性、能力、立场等的一种心理表征。一般情况下，个体的自我认同相对稳定的，但随着个体所处情境、所接受信息发生变化，个体会以其原有的自我认同为基准值，形成即时性的阶段性自我认同。由于自我认同是源于个体内部的、非压力性的，由其引发的决定动机可以让个体感受到一种能力感、关系感和自主感，进而激发个体的内部兴趣、深化个体的自我价值、提高个体的行动意志力，并产生更有效的决策结果。换言之，个体实际上会倾向于坚持自己的观点意愿和价值判断，从事与自身认同一致的行为。例如，李宝库等（2019）发现在产品购买决策、回收参与决策中，独立自我型的消费者更加聚焦于自身感受，受外部因素的干扰较小，其决策过程更加随心，更加偏好感性的辅助信息。该辅助信息的说服效果越好，则主体的购买意愿越强。

本书旨在探究自我认同对于居民用户参与退役动力电池回收活动意愿的影响。具体题项设计如表 5.7 所示。

表 5.7　针对自我认同的题项设计

序号	题目及选项	参考文献
SI1	我可以自主决定如何处理废旧动力电池	官小慧（2016）
SI2	选择正规回收渠道是符合我的道德准则的	
SI3	选择正规回收渠道与我的生活方式和理念相符	
SI4	选择正规回收渠道会让我感到很开心	
SI5	面对意见分歧时，我不愿意妥协	苏春皓（2018）

4. 回收决策

回收决策（recycling decision，RD）是指在特定的时空环境、资源配置下，个体对于理性因素和有限理性因素进行综合权衡，通过搜集、处理、加工、分析和比较各种可行的行动方案，最终对于退役动力电池回收渠道的选择和移交行动的落实。具体而言，本书旨在探究经济回报（EI）、主观规范

(SN)、感知行为控制 (PC) 和自我认同 (SI) 这四种自变量，对于因变量回收决策 (RD) 的影响，针对回收决策的题项设计如表 5.8 所示。

表 5.8　针对回收决策的题项设计

序号	题目及选项	参考文献
RD1	如果有待回收的废旧动力电池，我会优先选择正规回收网点	苏春皓 (2018)
RD2	我愿意花费时间、精力将废旧动力电池送到正规回收网点	
RD3	我愿意了解更多正规回收网点的后续操作处理流程	
RD4	我愿意将正规回收网点的位置、信息告诉我的亲戚朋友	陈占峰等 (2013)

5.3.4　研究框架

本书所构建的结构方程模型框架如图 5.2 所示。

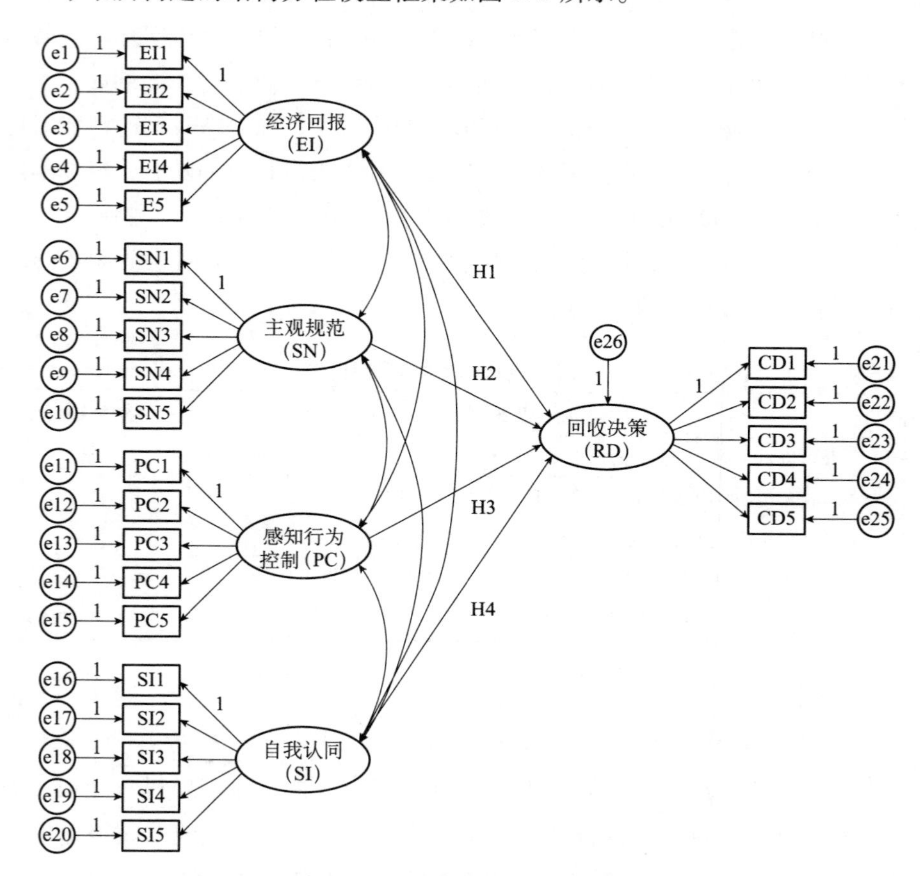

图 5.2　结构方程模型框架

基于第 5. 3. 3 节中的文献梳理，本书提出以下研究假设。

（1）H1：经济回报对居民的退役动力电池回收决策有正向影响。

（2）H2：主观规范对居民的退役动力电池回收决策有正向影响。

（3）H3：感知行为控制对居民的退役动力电池回收决策有正向影响。

（4）H4：自我认同对居民的退役动力电池回收决策有正向影响。

5.4　回收行为调查

5.4.1　问卷发放

本研究以全国的居民为调研对象，旨在对影响其参与退役动力电池回收活动意愿的相关因素进行调查。借助专业的问卷调查网站问卷星，本书以网络问卷的方式开展正式调研，通过微信、微博、QQ 等社交媒体平台分享问卷网址链接，邀请他人答题并转发网址链接，以扩大调研人群；对于各 IP 地址可作答次数、答题时长等也进行了相应的要求，以保证问卷质量的可靠性。被调查者在完成全部题项后可以获得金额不等的现金红包作为奖励，以激发其参与积极性。在 2020 年 9 月 1 日至 2020 年 9 月 7 日，本研究进行了预调研（详见附录 A“电动汽车废旧动力电池居民回收行为调查”），共回收问卷 289 份，其中有效问卷数量为 276 份，有效回收率达 95. 50%，并对预调研数据进行初步检验，保留了各潜在变量中适配程度最高的 3 个观测变量，以精减问卷的长度、提升问卷的科学合理性。保留题项包括 EI1、EI2、EI4、SN1、SN2、SN5、PC2、PC3、PC4、SI2、SI3、SI4、RD1、RD3 和 RD5。经修改后的问卷满足了相关信度和效度的检验要求，可以作为正式问卷进行发放。在 2020 年 9 月 16 日至 2020 年 10 月 16 日正式调研期间，本次调查共回收 1126 份问卷。在对样本数据进行信息统计和清洗筛选后，去掉 43 份无效问卷，有效问卷数量共计 1083 份，问卷有效回收率达到了 96. 18%。

5.4.2　基本信息描述性统计分析

本研究首先利用 SPSS 22 软件对被调查对象的性别、年龄、受教育程度、职业、收入、电动汽车购置情况、电动汽车购置意向、动力电池回收经历及动力电池回收方式等基本信息进行了描述性统计分析。

如表 5.9 所示，被调查对象的年龄、受教育程度和收入选项比例大致呈正态分布，与现实情况基本一致，有较好的样本代表性。近 75% 的被调查对象本人或其家庭拥有电动汽车，近 87% 的被调查对象有购买电动汽车的意愿，这不仅体现了电动汽车的庞大市场需求，也表明众多被调查对象将面临动力电池回收问题。近 66% 的被调查对象表示曾经参与过退役动力电池回收，选择普通废品收购站、4S 店和流动商贩为渠道进行回收的人数占据了该项的前三名，其对应比例分别为 28.01%、26.89% 和 19.61%，可见正规和非正规回收网点之间竞争较为激烈。

表 5.9　基本信息描述性统计分析

题目	选项	样本数量（份）	比例（%）
性别	男	621	57.34
	女	462	42.66
年龄	18 岁以下	23	2.12
	18～29 岁	402	37.12
	30～39 岁	526	48.57
	40～49 岁	107	9.88
	50～59 岁	19	1.75
	60 岁及以上	6	0.55
受教育程度	初中及以下	83	7.66
	高中或中专	256	23.64
	本科或大专	626	57.8
	研究生及以上	118	10.9
从事职业	企事业单位职员	445	41.09
	个体经营户	240	22.16
	自由职业者	280	25.85
	全日制学生	98	9.05
	离退休人员	14	1.29
	其他	6	0.55
每月可支配收入	3000 元以下	121	11.17
	3000～5000 元	414	38.23
	5000～10000 元	449	41.46
	1 万～2 万元	84	7.76
	2 万元以上	15	1.39

续表

题目	选项	样本数量（份）	比例（%）
您或您的家庭是否拥有电动汽车？	是	815	75.25
	否	268	24.75
您未来是否有购买电动汽车的计划？	是	946	87.35
	否	137	12.65
您是否有回收废旧动力电池的经历？	是	801	73.96
	否	282	26.04
您当时是怎样处理废旧动力电池的？	联系普通废品收购站	200	28.01
	联系流动商贩	140	19.61
	联系 4S 店	192	26.89
	联系汽车修理厂	107	14.99
	联系生产企业	36	5.04
	联系第三方专业回收企业	36	5.04
	其他	3	0.42

根据工信部发布的《新能源汽车动力蓄电池回收利用调研报告》显示，当前退役动力电池主要集中在新能源汽车保有量较大的京津冀、长三角及珠三角地区。如图 5.3 所示，被调查对象主要来自北京、天津、河北、广东等省份，分别约占到了总体样本量的 28%、23%、11% 和 8%，有较好的样本代表性。

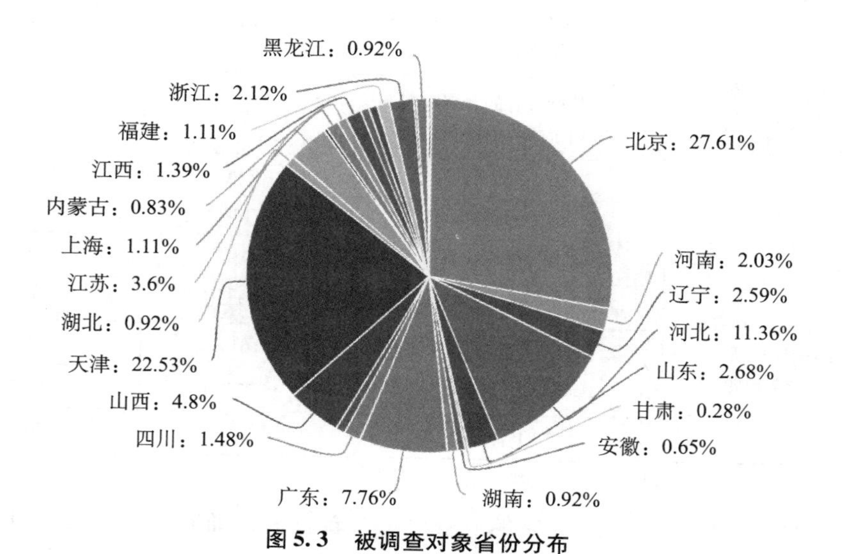

图 5.3　被调查对象省份分布

5.4.3 回收认知描述性统计分析

被调查对象对于退役动力电池的回收认知情况统计结果如表 5.10 所示。

表 5.10 回收认知状况描述性统计分析

题目	选项	样本数量（份）	比例（%）
动力电池的使用寿命一般为？（单项选择题）	1~4 年	391	36.1
	5~8 年	493	45.52√
	9~12 年	140	12.93
	13~15 年	59	5.45
动力电池属于下列哪一种垃圾分类？（单项选择题）	可回收垃圾	540	49.86
	有害垃圾	395	36.47√
	其他垃圾（干垃圾）	126	11.63
	厨余垃圾（湿垃圾）	22	2.03
下列哪些企业主体拥有回收废旧动力电池的资质？（多项选择题）	汽车生产企业	694	64.08√
	汽车修理厂	602	55.59√
	4S 店	545	50.32√
	流动商贩	309	28.53
	普通废品收购站	240	22.16
	第三方专业回收企业	435	40.17√
动力电池的回收处理环节通常包括？（单项选择题）	作为储能设备继续应用于太阳能路灯、通信基站	173	15.97
	提取其所含有的金属材料并应用于新电池的再生产	161	14.87
	以上两者皆是	736	67.96√
	土地掩埋	13	1.2
动力电池处理不当的危害包括？（单项选择题）	触电、燃爆等安全隐患	93	8.59
	重金属、电解液等环境污染	141	13.02
	锂、钴及稀土金属等资源浪费	61	5.63
	以上三者皆是	770	71.1√
	以上皆不是	18	1.66

注：符号√所标注的选项即为各客观题的正确答案。

在使用寿命方面，约 45% 的调查对象有着较为正确的认识，然而可能由于较多负面新闻报道的存在，有 36% 的调查对象对于动力电池的使用年限较为悲观。另外，可能由于被电池能够循环使用这一特性所误导，有近 50% 的被调查对象将其归类为可回收垃圾，正确选择有害垃圾这一选项的仅占到总样本量的 37% 左右。在处理环节和环境危害方面，被调查对象展示了较好的认知水平，回答正确的被调查对象约占到了 70%。

在回收资质企业判断方面，本书主要对曾经参与过退役动力电池回收的 714 位被调查对象进行了相关交叉分析，以了解其行动和想法是否具有一致性。如表 5. 11 所示，曾经选择 4S 店、汽车修理厂、生产企业、第三方专业回收企业的被调查对象，普遍对于其所选择企业的资质较为认可。而曾经选择了普通废品收购站和流动商贩的被调查对象，实际上对于这两类主体的资质认可程度并不高。换言之，部分被调查对象认为 4S 店、汽车生产企业等比普通废品收购站、流动商贩更加具有回收专业资质，但是仍然选择后者作为退役动力电池的移交对象。一方面，这可能是因为调查对象的认知程度从过去到现在得到了提升；另一方面，这可能是因为正规回收网点相比于非正规回收网点在某些方面还存有较大的劣势，仅仅凭借专业资质难以对居民形成足够的吸引力，因此有必要对动力电池回收意愿影响机理进行深入研究。

表 5. 11　对被调查对象曾经选择的回收企业与所认可的资质企业的交叉分析　单位:%

所认可的资质企业	曾选择的回收企业						
	普通废品收购站	流动商贩	4S 店	汽车修理厂	生产企业	第三方专业回收企业	其他
汽车生产企业	**72. 00**	**51. 43**	64. 58	**62. 62**	**63. 89**	**80. 56**	**66. 67**
汽车修理厂	66. 50	42. 14	50. 52	53. 27	47. 22	41. 67	33. 33
4S 店	44. 50	49. 29	**67. 71**	55. 14	50. 00	47. 22	**66. 67**
流动商贩	36. 50	35. 00	25. 00	41. 12	27. 78	13. 89	33. 33
普通废品收购站	34. 00	21. 43	19. 79	30. 84	30. 56	16. 67	0
第三方专业回收企业	40. 00	22. 14	30. 21	31. 78	33. 33	75. 00	0
人数合计	200	140	192	107	36	36	3

注：数字加粗项为各类被调查对象的最高企业资质认可比例。

为了进一步量化全部被调查对象的认知水平，本书采用赋分的方式对于结果进行统计。其中，对于单项选择题目，答对记 1 分，答错记 0 分；对于多项选择题目，每一个选项均视为判断题，该选项判断正确记 1 分，判断错误记 0 分。因此，回收认知题项的满分为 10 分。如图 5.4 所示，平均分为 5.8 分，得分整体近似于正态分布，与现实情况基本一致，具有较好的样本代表性。

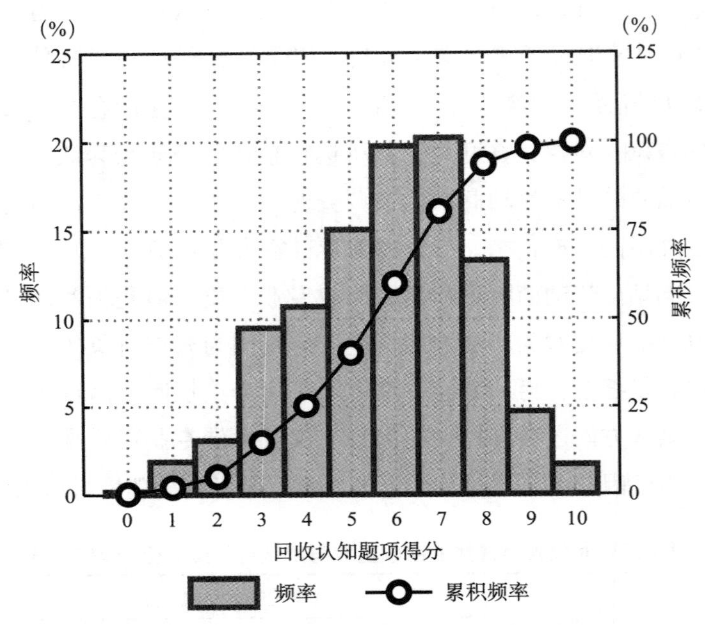

图 5.4　回收认知题项得分的频率及累积频率分布

5.4.4　回收态度描述性统计分析

被调查对象对于退役动力电池的回收态度情况统计结果如表 5.12 所示。整体而言，对于下列各陈述持非常同意立场和中立立场的约占到总体的 50% 和 10%，而表示非常不同意的约占到总体的 1%。

表 5.12　回收态度情况描述性统计分析　单位：%

题目	非常不同意	不同意	中立	同意	非常同意
（1）保护环境不仅是政府和企业的责任，每个人都应做出力所能及的贡献	0.83	2.40	10.25	31.67	54.85

续表

题目	非常不同意	不同意	中立	同意	非常同意
(2) 妥善处理废旧动力电池有利于节约资源、防范污染	0.83	2.59	13.94	31.21	51.43
(3) 消费者有责任尽量减少废旧动力电池对于生态环境可能带来的破坏	1.02	2.86	12.19	32.87	51.06
(4) 回收企业的后续处置方式是否环保会影响我对于它们的选择	1.11	2.40	14.31	34.72	47.46
(5) 推动废旧动力电池规范化回收处理会让生活变得更加美好	1.2	2.59	11.54	32.13	52.54

为了进一步量化全部被调查对象的态度水平，本书采用赋值的方式对于结果进行统计。“非常不同意”赋值为0分，“不同意”赋值为1分，“中立”赋值为2分，“同意”赋值为3分，“非常同意”赋值为4分，故该部分满分为20分。如图5.5所示，平均分为16.59分，表明总体而言被调查对象的回收态度较为积极。

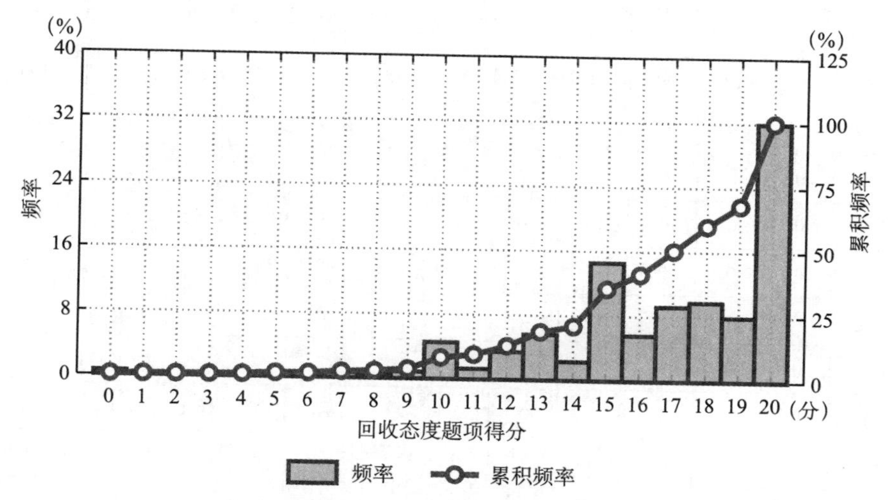

图5.5　回收态度题项得分的频率及累积频率分布

5.4.5　分组信息描述性统计分析

被调查对象对于退役动力电池的回收认知和回收态度情况汇总统计结果

如表5.13所示。本书将被调查对象分为3类。其中，第一类认知得分为0～7分、态度得分为0～14分的群体，其回收态度整体偏向中立、部分有些消极，认知水平也有待加强，合计223人；第二类认知得分为0～7分、态度得分为15～20分的群体，其有积极的回收态度，但是认知水平有待加强，合计647人；第三类认知得分为8～10分、态度得分为15～20分的群体，其有较高的认知水平和积极的回收态度，合计210人。除此以外，表5.13中白色区域表明部分调研对象的认知水平较高，但是回收态度比较消极。由于其样本数量仅为3人，本书不对其进行讨论。

表5.13　回收认知及态度题项得分汇总　　单位：人

态度得分	认知得分											合计
	10分	9分	8分	7分	6分	5分	4分	3分	2分	1分	0分	
20分	5	19	57	71	67	43	30	37	10	6	1	346
19分	3	7	13	25	16	12	8	2	0	0	0	86
18分	0	5	18	14	30	20	10	5	3	1	0	106
17分	2	5	16	20	19	13	14	9	1	1	0	100
16分	2	2	9	10	13	13	9	2	0	1	0	61
15分	6	12	29	31	28	22	15	8	5	2	0	158
14分	0	0	0	8	6	2	2	5	1	1	0	25
13分	0	0	0	10	19	11	8	7	3	2	1	61
12分	0	0	0	10	4	8	4	8	1	2	0	37
11分	0	0	0	4	3	3	1	1	2	0	0	14
10分	0	1	0	13	8	8	6	8	4	1	0	49
9分	0	0	0	0	0	3	1	2	2	1	0	9
8分	0	0	1	0	0	1	1	1	0	1	0	5
7分	0	0	0	1	1	0	3	1	0	1	0	7
6分	0	0	0	0	0	0	1	1	0	0	0	2
5分	0	0	0	0	0	2	1	2	1	0	0	6
4分	0	0	0	1	0	0	1	0	0	0	0	2
3分	0	0	0	0	0	0	0	1	0	0	0	1

续表

态度得分	认知得分											合计
	10 分	9 分	8 分	7 分	6 分	5 分	4 分	3 分	2 分	1 分	0 分	
2 分	0	0	0	1	0	0	0	0	0	0	0	1
1 分	0	0	0	0	0	0	1	0	0	0	0	1
0 分	0	0	1	0	0	2	0	3	0	0	0	6
合计	18	51	144	219	214	163	116	103	33	20	2	1083

5.5　影响机理实证分析

5.5.1　正态检验

基于坎蒂·马蒂亚等（Mardia et al.，1995）提出的多维情形下的正态性检验标准，如果数据的偏度和峰度系数绝对值小于 2，则认为其近似于正态分布；如果数据的偏度系数绝对值大于 3、峰度系数绝对值大于 10，则认为其为极端值，必须加以处理。如表 5.14 所示，各题项的偏度和峰度系数绝对值均小于 2，符合结构方程模型对数据的要求，可以进行下一步的检验。

表 5.14　变量的偏度和峰度检验

变量	题项	偏度		峰度	
		统计量	标准误	统计量	标准误
经济回报（EI）	EI1	-0.183	0.074	-1.172	0.149
	EI2	0.072	0.074	-0.493	0.149
	EI4	0.060	0.074	-0.573	0.149
主观规范（SN）	SN1	-0.207	0.074	-1.202	0.149
	SN2	0.024	0.074	-0.551	0.149
	SN5	0.037	0.074	-0.518	0.149
感知行为控制（PC）	PC2	-0.225	0.074	-1.237	0.149
	PC3	-0.068	0.074	-0.573	0.149
	PC4	-0.076	0.074	-0.663	0.149

续表

变量	题项	偏度		峰度	
		统计量	标准误	统计量	标准误
自我认同（SI）	SI2	-0.168	0.074	-1.209	0.149
	SI3	-0.017	0.074	-0.611	0.149
	SI4	0.018	0.074	-0.536	0.149
回收决策（RD）	RD1	-0.304	0.074	-1.086	0.149
	RD3	-0.040	0.074	-0.650	0.149
	RD5	-0.076	0.074	-0.501	0.149

5.5.2 信度检验

信度（Reliability）检验旨在判断多维度问卷量表所得数据的一致性和稳定性。如果问卷量表的信度越高，那么测量的标准误差就越小。信度是效度的前提条件，问卷量表的信度不高，其效度一定不高；但是问卷量表的信度高，其效度有可能不高。在实证分析的时候，一般先进行信度检验再进行效度检验。

本书采用 Cronbach's α 系数作为衡量信度的指标。α 系数越高，构面的一致性程度就越高，其判定基准为：$\alpha \geq 0.7$ 代表高信度（High Reliability），$0.35 < \alpha < 0.7$ 代表适中信度（Moderate Reliability），$\alpha \leq 0.35$ 代表低信度（Low Reliability）。如表 5.15 所示，各变量的 Cronbach's α 系数均大于 0.8，并且删除任一题项后对应变量的 Cronbach's α 系数均会下降，表明当前问卷量表的整体可靠性较高。

表 5.15 变量的信度检验

变量	Cronbach's α	题项数	题项	删除该题项后的 Cronbach's α
经济回报（EI）	0.815	3	EI1	0.661
			EI2	0.779
			EI4	0.773
主观规范（SN）	0.824	3	SN1	0.678
			SN2	0.774
			SN5	0.792

续表

变量	Cronbach's α	题项数	题项	删除该题项后的 Cronbach's α
感知行为控制（PC）	0.822	3	PC2	0.664
			PC3	0.790
			PC4	0.779
自我认同（SI）	0.821	3	SI2	0.667
			SI3	0.782
			SI4	0.785
回收决策（RD）	0.806	3	RD1	0.642
			RD3	0.753
			RD5	0.778
整体	0.834	15	—	—

5.5.3　效度检验

效度（Validity）检验旨在判断实际测量的结果与所想考察内容相符合的程度，主要用来评价量表的有效性和正确性，可进一步细分为：首先，内容效度（Content Validity），考察被调查对象对于问题的理解和回答与问卷量表设计者想了解内容的相符性；其次，标准关联效度（Criterion-related Validity），考察所设计的问卷量表的测量结果与成熟的标准问卷量表结果的相关性；最后，结构效度（Contract Validity）主要是通过探索性因子分析（Exploratory Factor Analysis，EFA）来检验测量题项潜在的结构关系，包括了判别效度（Discriminate Validity）和收敛效度（Convergent Validity），前者是指不同概念变量中的测量题项之间的相互关联程度，后者是指相同概念变量的测量题项之间的相互关联程度，也即旨在使每一组变量的测量题项间的相关度达到最佳并且不重复。其中，被运用最广泛的是结构效度分析。这是因为研究中所使用的各变量的测量题项基本都是由成熟量表修改而来，并且在正式调研发放之前都会对预调研数据进行初步检验，一般具有较好的内容效度的标准关联效度。

（1）KMO 检验和 Bartlett 球形检验。在进行探索性因子分析前，需要判断所获数据是否适合进行因子分析，通常以 KMO 检验和 Bartlett 球形检验结果作为支撑依据。KMO 值用于检验变量之间的偏向关系是否足够的小，是简单相关量与偏相关量的相对指数。通常认为，如果 KMO 值 >0.9，适合做因子分析；如果 KMO 值 >0.6，可以接受；如果 KMO 值 <0.5，则表明不适合做因子分析。Bartlett 球型检验用于判断相关阵是否为单位阵，如果其结果不拒绝单位阵的假设（Sig >0.05），需要慎重使用因子分析。如表 5.16 所示，本研究中 KMO 值为 0.777，Bartlett 球形检验达到了显著水平，可以进行因子分析。

表 5.16　　KMO 检验结果和 Bartlett 球形检验结果

Kaiser-Meyer-Olkin 值		0.777
Bartlett 球形检验	近似卡方	6962.816
	Df	105
	Sig	0.000

（2）探索性因子分析。在探索性因子分析中，旋转因子矩阵可以用于判定收敛和判别效度。其中，前者在此指的是各测量指标在其所归属因子上的载荷的大小，载荷越大则收敛效度越高，0.5 是学术界普遍认可的阈值；后者在此指的是仅在自己所归属的因子上载荷大于 0.5 的测量指标数量，满足该条件的测量指标数量越多则判别效度越高。

本书采用主成分分析法，以特征值大于 1 的因子为抽取标准，并采用方差最大化正交旋转对测量指标进行分析。如表 5.17 所示，量表的总方差解释率为 74.261%，解释率较高。如表 5.18 所示，对于自变量及因变量的 15 个测量指标共提取 5 个因子，各测量指标在各自因子上的因子载荷值均大于 0.5、在其他因子上的载荷均小于 0.5，这说明问卷量表有较好的结构效度，且维度设计符合构建设想。

表 5.17　　总方差解释率

成分	初始特征值			提取平方和载入			旋转平方和载入		
	特征值	解释比率（%）	累积比率（%）	特征值	解释比率（%）	累积比率（%）	特征值	解释比率（%）	累积比率（%）
1	3.804	31.697	31.697	3.804	31.697	31.697	2.238	18.651	18.651

续表

成分	初始特征值			提取平方和载入			旋转平方和载入		
	特征值	解释比率（%）	累积比率（%）	特征值	解释比率（%）	累积比率（%）	特征值	解释比率（%）	累积比率（%）
2	1.783	14.859	46.557	1.783	14.859	46.557	2.236	18.634	37.285
3	1.716	14.298	60.854	1.716	14.298	60.854	2.226	18.554	55.838
4	1.609	13.407	74.261	1.609	13.407	74.261	2.211	18.423	74.261
5	0.534	4.446	78.707						
6	0.518	4.321	83.028						
7	0.494	4.117	87.145						
8	0.449	3.744	90.889						
9	0.302	2.517	93.406						
10	0.287	2.394	95.800						
11	0.263	2.193	97.993						
12	0.241	2.007	100.000						

表 5.18　正交旋转因子载荷矩阵

测量指标	成分				
	1	2	3	4	5
SN1	0.906				
SN2	0.819				
SN5	0.795				
PC2		0.904			
PC4		0.807			
PC3		0.804			
SI2			0.895		
SI4			0.820		
SI3			0.795		
EI1				0.895	
EI4				0.803	
EI2				0.802	
RD1					0.893

续表

测量指标	成分				
	1	2	3	4	5
RD3					0.769
RD5					0.768

注：在5次迭代后收敛，因子载荷值若小于0.4则在报表中隐藏。

（3）组成信度。组成信度（composite reliability，CR）指的是所有测量变量信度的组合，是衡量收敛效度的常见指标。CR值越高表示构面的内部一致性越高，0.7是学术界普遍认可的阈值标准。如表5.19所示，本研究中各变量的CR值均大于0.7，这说明问卷量表具有较好的收敛效度。

表5.19　变量的组成信度及平均变异系数萃取量

变量	题项	参数显著性估计				标准化因子载荷系数	收敛效度	
		Unstd.	S. E.	T-value	P	Std.	CR	AVE
经济回报（EI）	EI1	1				0.931	0.826	0.618
	EI2	0.585	0.028	21.147	***	0.699		
	EI4	0.594	0.028	21.295	***	0.706		
主观规范（SN）	SN1	1				0.933	0.835	0.632
	SN2	0.599	0.026	22.761	***	0.728		
	SN5	0.566	0.025	22.201	***	0.705		
感知行为控制（PC）	PC2	1				0.948	0.834	0.631
	PC3	0.562	0.026	21.667	***	0.698		
	PC4	0.584	0.027	21.984	***	0.711		
自我认同（SI）	SI2	1				0.938	0.832	0.627
	SI3	0.599	0.028	21.783	***	0.706		
	SI4	0.579	0.027	21.84	***	0.709		
回收决策（RD）	RD1	1				0.931	0.818	0.605
	RD3	0.597	0.029	20.357	***	0.702		
	RD5	0.545	0.027	19.811	***	0.674		

注：***表示 $P < 0.001$。

（4）平均变异系数萃取量。平均变异系数萃取量（average variance extracted，AVE），即各个测量变量对该潜在变量的方差解释能力，也是常见的效度衡量指标。AVE 值越高表示构面的收敛效果越高，0.5 是学术界普遍认可的阈值标准。如表 5.19 所示，本研究中各变量的 AVE 值均大于 0.5，这说明问卷量表具有较好的收敛效度。另外，如表 5.20 所示，本研究中各变量 AVE 值的均方根（表中加粗数字）均大于各变量之间的相关系数，这说明问卷量表具有较好的判别效度。

表 5.20　　变量相关系数

变量	AVE	回收决策（RD）	自我认同（SI）	感知行为控制（PC）	主观规范（SN）	经济回报（EI）
回收决策（RD）	0.605	**0.778**				
自我认同（SI）	0.627	0.341	**0.798**			
感知行为控制（PC）	0.631	0.352	0.221	**0.794**		
主观规范（SN）	0.632	0.303	0.272	0.212	**0.795**	
经济回报（EI）	0.618	0.349	0.22	0.233	0.262	**0.786**

5.5.4　适配度检验

适配度检验旨在评估模型整体的拟合情况，可以由绝对拟合度（Absolute Fit Measures）、增值拟合度（Incremental Fit）、精简拟合度（Parsimonious Fit）三种类型的指标来衡量。各类别拟合指标及其评价标准如表 5.21 所示。

表 5.21　　主要拟合指标评价标准及检验结果

类别	拟合指标	评价标准	输出结果
绝对拟合度指标	X^2/Df	1 ~ 3 良好，3 ~ 5 可接受，>5 需修正	2.678
	SRMR	<0.05，越接近 0 则模型拟合度越好	0.0488
	GFI	>0.9，越接近 1 则模型拟合度越好	0.952
	RMSEA	<0.05，越接近 0 则模型拟合度越好	0.028
增值拟合度指标	AGFI	>0.9，越接近 1 则模型拟合度越好	0.928
	NFI	>0.9，越接近 1 则模型拟合度越好	0.940
	CFI	>0.9，越接近 1 则模型拟合度越好	0.961
	IFI	>0.9，越接近 1 则模型拟合度越好	0.961
精简拟合度指标	PGFI	>0.5，越大则模型拟合度越好	0.634
	PNFI	>0.5，越大则模型拟合度越好	0.716

如表 5.21 所示，本研究的各项拟合指标总体表现良好，均达到了可接受的标准，因此模型的适配程度较为理想。

5.5.5 研究假设检验

（1）全样本。以全部样本数据为输入得到的标准化结构方程模型结果如图 5.6 所示，标准化路径系数估计及显著性水平结果如表 5.22 所示。

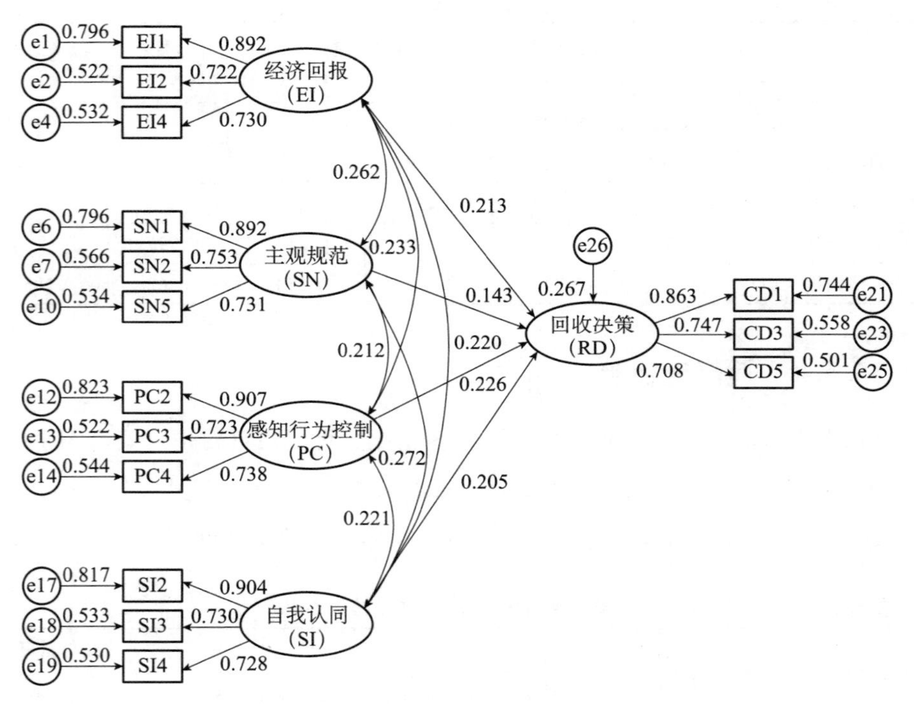

图 5.6 全样本下结构方程模型标准化结果

表 5.22 全样本下结构方程标准化结构路径

路径	参数显著性估计				假设检验
	Std.	S. E.	T-value	P	
H1：经济回报（EI） → 回收决策（RD）	0.213	0.033	6.063	***	成立
H2：主观规范（SN） → 回收决策（RD）	0.143	0.032	4.076	***	成立
H3：感知行为控制（PC） → 回收决策（RD）	0.226	0.031	6.564	***	成立
H4：自我认同（SI） → 回收决策（RD）	0.205	0.032	5.876	***	成立

注：***表示 P 值在 0.1% 水平上显著。

由表5.22可知，在第4.3.4节中提出的假设H1、H2、H3和H4均成立，经济回报、主观规范、感知行为控制和自我认同对居民用户的退役动力电池回收决策有显著的正向影响，对应标准化路径系数估计值分别为0.213、0.143、0.226和0.205。其中，感知行为控制的影响程度最高，经济回报的影响程度次之，自我认同的影响程度位列第三，主观规范的影响程度最小。

（2）基于回收认知和回收态度的分组样本。为进一步量化比较对于不同类别的居民用户，各因素在动力电池回收决策的影响路径及敏感性程度上的差异，本书对第4.4.5节中基于回收认知、回收态度特征筛选出的三类典型样本进行多群组分析。其中，第一类居民群体的回收态度整体偏向中立、部分有些消极，认知水平也有待加强，合计223人，记为K1；第二类居民群体回收态度积极，但认知水平有待加强，合计647人，记为K2；第三类居民群体拥有积极的回收态度和较高的认知水平，合计210人，记为K3。以各分组样本数据为输入得到标准化路径系数估计及显著性水平结果如表5.23所示。

表5.23　分组样本下结构方程标准化结构路径

路径			K1 参数显著性估计		K2 参数显著性估计		K3 参数显著性估计		假设检验
			Std.	P	Std.	P	Std.	P	
H1：EI	→	RD	0.224	**	0.210	***	0.193	*	成立
H2：SN	→	RD	0.179	*	0.121	**	0.203	*	成立
H3：PC	→	RD	0.291	***	0.203	***	0.213	**	成立
H4：SI	→	RD	0.164	*	0.169	***	0.335	***	成立

注：*、**、***分别表示P值在5%、1%、0.1%的水平上显著。本书取95%为置信区间。

对表5.23进行纵向比较，可以发现：

（1）对于第一类居民群体而言，感知行为控制（β=0.291）和经济回报（β=0.224）大于主观规范（β=0.179）和自我认同（β=0.164）的影响程度。

（2）对于第二类居民群体而言，经济回报（β=0.210）和感知行为控制（β=0.203）大于自我认同（β=0.169）和主观规范（β=0.121）的影响程度。

（3）对于第三类居民群体而言，自我认同（β=0.335）和感知行为控制

（β =0. 213）大于主观规范（β = 0. 203）和经济回报（β = 0. 193）的影响程度。

对表 5. 23 进行横向比较，可以发现：

（1）H1 即经济回报对回收决策有正向影响这一假设对于第一类、第二类和第三类居民群体均成立，在前两者中的显著性水平更高，其对应路径系数分别为 0. 224、0. 210 和 0. 193。这表明相较于其他群体，第一类居民群体在动力电池回收过程中更为关注回收价格水平，而第三类居民群体对于该因素的关注程度相对较低。其原因可能是第一类居民对于正规回收渠道的了解不够深入、环境保护意识有待增强，更依赖于激励措施这种外部诱因来促进回收行为的落实。

（2）H2 即主观规范对回收决策有正向影响这一假设对于第一类、第二类和第三类居民群体均成立，在第二类居民群体中的显著性水平较高，其路径系数分别为 0. 179、0. 121 和 0. 203。这表明相较于其他群体，第三类居民群体在退役动力电池回收过程中更加关注邻里亲朋的示范性影响，其原因可能是该类居民的环境保护责任感比较强，愿意以宣传导向和社会氛围这种软约束规范自己的行为。

（3）H3 即感知行为控制对回收决策有正向影响这一假设对于第一类、第二类和第三类居民群体均成立，并且在三类民群体中的显著性水平均较高，其路径系数分别为 0. 291、0. 203 和 0. 213。这表明相较于其他群体，第一类居民群体更加关注回收退役动力电池所需掌握的技能、时间等资源，其原因可能是该类居民的认知情况较为薄弱，对于移交行为难易程度的主观判断比较模糊，更需要辅助配套设施完善情况这些客观信息作为决策依据。

（4）H4 即自我认同对回收决策有正向影响这一假设对于第一类、第二类和第三类居民群体均成立，在后两者中的显著性水平更高，其路径系数分别为 0. 164、0. 169 和 0. 335。这表明相较于其他群体，第三类居民群体在退役动力电池回收过程中倾向于坚持自己的观点意愿和价值判断，而第一类居民群体对于自身的立场并非足够坚定。其原因可能是第三类居民已经对于动力电池回收有着较为丰富的客观认识，从事与自身认同一致的行为可以收获更多的自主感；而第一类居民的相关知识信息储备比较少，在接触到其他相关信息后，比较容易改变自己原有的看法。

5.6 本章小结

我国动力电池回收服务网点的建设已经取得了一定的发展，然而2019年全国退役动力电池的回收率仅为24.8%，这还有巨大提升空间。而提升居民用户的移交自觉性，加强其对于正规回收渠道的选择意向是实现闭环供应链的关键，也已经成为了动力电池回收管理中亟待解决的问题。因此，本书以计划行为理论为指导，从居民视角出发设计了相关问卷量表对其回收行为开展调查，共获得有效样本1083份，并构建了居民用户退役动力电池回收活动参与意愿的理论模型，运用结构方程模型识别驱动因素、量化影响路径、探讨形成机理，深入分析回收认知状况和回收态度偏好的差异性作用。

基于本章的研究结果得出以下结论：一是经济回报、主观规范、感知行为控制和自我认同对居民的退役动力电池回收决策均有显著的正向影响，其中感知行为控制的影响程度最高，主观规范的影响程度最小；二是回收态度积极、认知水平较高的居民倾向于坚持自己的价值判断，对于经济激励这种外部诱因的依赖性相对较小；三是回收态度积极、认知水平有待加强的居民和回收态度不够积极、认知水平有待加强的居民这两类群体对于移交行为的难易程度判断比较模糊，均需要配套设施等辅助信息作为决策依据，也都比较关注回收价格水平。

第6章 基于多主体行为决策模型的动力电池回收政策研究

当前动力电池的回收政策设计还有待进一步丰富和加强。尽管相关产业的回收管理政策具有一定的参考意义和借鉴价值，其实施效果还有待检验。基于第2章所述的复杂适应系统理论及多主体仿真模型工具，本章以第3章退役动力电池时空分布格局、第4章梯次利用经济价值分析和第5章居民回收意愿实证分析的数据结果为参数输入，将开展多种政策情景的模拟分析，以探究微观主体的响应策略及宏观系统的演化过程，并对回收率、企业经营状况等进行定量化预测。

6.1 回收政策设计有待丰富

为了加强新能源汽车动力电池回收利用管理，规范行业发展，推进资源综合利用，中央和地方政府出台了诸多政策与办法。如表6.1所示，相比于其他国家，我国在动力电池回收利用体系上建设取得了一定进展。据高工锂电统计，2019年我国退役动力电池回收率为24.8%，仍有较大提升空间，应进一步丰富相关回收政策设计以充分促进回收市场发展。

表6.1 各国针对电池回收的主要政策

对象	国家或国际组织	要点	政策类别
动力电池	美国	锂离子电池仍属于一般固体废物范畴，联邦层面目前尚未有针对动力电池加回收的政策。加州环保局成立了咨询小组以向立法机关就动力电池回收和再循环提供政策建议	一般性规定

续表

对象	国家或国际组织	要点	政策类别
动力电池	日本	日本汽车工业协会和日本经济产业省组织多家车企，共同发起动力电池回收项目，成本由各方承担，旨在建立一套高效、可持续的电池回收系统	一般性规定
动力电池	中国	依托新能源汽车国家监测与动力蓄电池回收利用溯源综合管理平台，引导规范相关企业及时填报相关信息，建立动力蓄电池来源可查、去向可追、节点可控的溯源机制，并组织第三方通过资料对比等进行溯源信息核查	溯源性措施
		对合肥市辖内建立动力电池回收系统并回收利用的整车、电池生产企业等，按电池容量给予 10 元/kWh 奖励	补贴性措施
		依托管理平台记录厦门市辖区内汽车、电池生产企业等义务履行情况，对违反国家暂行办法的企业，在市公共信用信息平台进行公示，并实施跨部门联合惩戒	惩戒性措施
便携式电池	欧盟	● 到 2012 年回收率要达到 25% 以上 ● 到 2016 年回收率要达到 45% 以上 ● 到 2025 年回收率要达到 65% 以上 ● 到 2030 年回收率要达到 70% 以上 ● 在保加利亚、拉脱维亚和波兰，未完成年度回收目标的组织或生产企业按实际回收率和目标回收率之间的差额支付税费作为罚款	回收目标责任制
铅蓄电池	中国	● 到 2020 年回收率要达到 40% 以上 ● 到 2025 年回收率要达到 70% 以上 ● 未完成年度回收目标的铅蓄电池生产企业，不予核准企业的新建项目，不得享受相关税收减免优惠	回收目标责任制

首先，我国动力电池规格尚未统一，导致拆解流程多、分拣难度大、回收成本高，再加之非正规回收企业带来的激烈竞争，目前政府的支持方式主要以财政补贴为主，且均集中于生产企业和回收企业。然而，针对居民用户的激励政策仍处于空白的阶段。在《京津冀地区新能源汽车动力蓄电池回收

利用试点实施方案》中提出："鼓励通过换一收一的方式回收质保期内的汽车维修电池；通过补贴等方式，从消费者手中回收质保期外、新能源汽车报废前的废旧动力电池。"该方案体现了激励政策向消费者倾斜的趋势。

其次，考虑到铅蓄电池的回收产业发展情况已经比较成熟，与动力电池的物理和化学属性相类似，其回收管理政策也具有一定的参考意义和借鉴价值。目前，国家对其实行回收目标责任制，即制定发布规范回收率目标：基于生产者责任延伸制度，到 2020 年和 2025 年，铅蓄电池的规范回收率要分别达到 40% 和 70% 以上；未完成年度回收目标的生产企业不予核准企业的新建项目，不得申请国家有关补助资金，不得享受相关税收减免优惠，将依照国家相关法规进行处罚。

这一政策在其他国家也得到了较好的实践。例如，在法律体系方面，比利时通过《电池指令》将便携式电池纳入监管框架，并制定了各发展阶段的最低回收率目标。在居民侧激励手段方面，其退役电池回收系统运营商 Bebat 不仅积极向学校提供电池回收方面的科普宣传资料，还建造了 Villa Pila 电池处理展览馆供学生们参观，以增强公众的资源节约与环境保护意识。据统计，该回收系统在 2018 年的回收率高达 61.6%，远高于 45% 的欧盟计划目标。

此外，欧盟委员会在 2020 年 12 月发布有关修订《电池指令》的法律草案，计划建立新的电池监管框架。根据草案，电动汽车动力电池制造商和供应商从 2024 年 7 月起必须提供碳足迹声明，从 2026 年 1 月开始必须按照碳强度性能类别为产品贴上相应标签，便于消费者了解电池生产过程中的碳排放量、电池容量、使用年限和回收方式等信息。草案计划到 2025 年将便携式电池的回收率从目前的 45% 提高到 65%，到 2030 年提高到 70%，包括电动汽车动力电池在内的其他类型电池必须实现全部回收。

如表 6.1 所示，我国动力电池产业的奖惩政策框架已初具雏形，溯源系统也在不断完善使得回收率的统计结果更为科学准确，这都为今后回收目标责任制及相关消费者激励政策的实施和推广提供了前提基础。由第 2.2.2 节的总结可知，当前对于动力电池回收系统的政策研究主要集中于面向生产企业的补贴政策，并且多基于以解析、数值分析、归纳推理等为本质的传统建模工具，多将参与者抽象为单一代表性主体，还鲜有文献对于参与者的异质性特征进行刻画。因此，以第 3 章梯次利用经济价值分析和第 4 章居民用户回收意愿实证分析提供的数据结果为参数输入，在复杂适应系统理论的基础上，本章旨在构建动力电池回收系统多主体行为决策模型，以探究各激励政策引入以后微观主体的响应策略及宏观系统的演化过程，并对动力电池回收率、回收企业经营状况等政策实施效果进行定量化预测，从而为促进动力电池回收市场的可持续发展提供政策建议。

6.2　研究框架

城市动力电池回收系统的运行涉及多个利益相关主体。通过对我国市场现状进行调研和分析，如图 6.1 所示，参与主体主要包括居民用户、正规回收企业、非正规回收企业及政府。

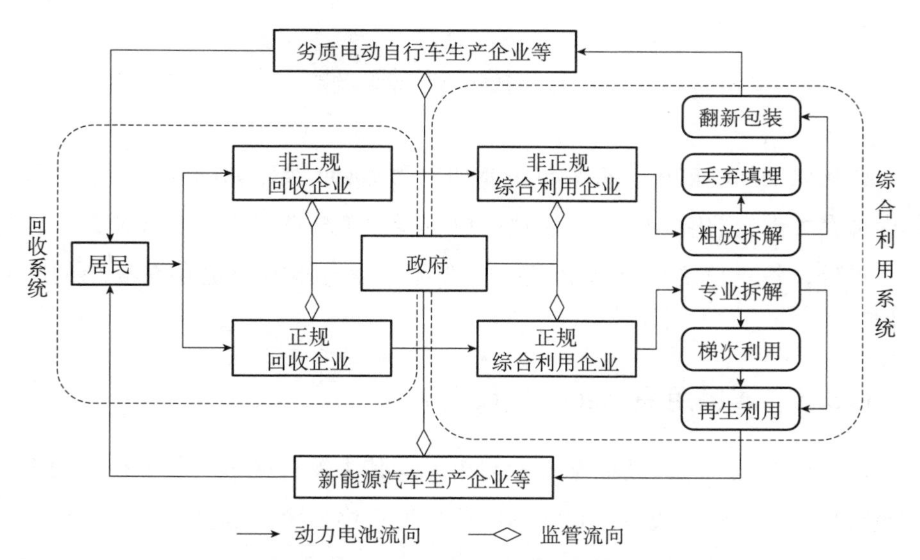

图 6.1　动力电池回收系统及综合利用系统框架

在评估行业标准和技术资质的基础上，目前仅有 22 家企业符合《新能源汽车废旧动力蓄电池综合利用行业规范条件》，进入工信部公示的“白名单”。正规综合利用企业将按照先梯次利用、后再生利用的原则，负责对回收上来的废旧动力电池进行后续规范处理。由于其工艺流程复杂、设备成本高昂、排放标准严格，需要充分提高产能利用率，从而发挥规模效应。然而，现存动力电池回收渠道中存在较多的非正规回收企业，如简易小作坊和挂靠于普通废旧物资回收公司名下的企业等，并通常会和非正规综合利用企业形成上下游的合作网络。非正规综合利用企业在进行粗放拆解、简单修复、翻新包装后，将电池中所含贵金属转卖，其余部分丢弃为电子垃圾，或流向劣质电动自行车和手机充电宝领域。

由此可见，回收系统是退役动力电池和综合利用系统之间的重要纽带，是实现动力电池闭环供应链的关键。通过梳理国内外发展现状，本书提出了以下三种政策方案：针对居民用户的回收价格补贴政策、宣传教育政策、针对正规回收企业的回收目标责任政策。在对各相关利益主体进行综合考虑的基础上，如何制定合理的措施以促进退役动力电池回收市场的规范发展，是本章所重点探究的问题。

6.3 模型构建

根据以上问题描述，将参与主体抽象为 Agent 类。如图 6.2 所示，各主体内部在关键参数输入、目标函数构成、行为策略选择上拥有异质的属性特征。另外，各主体之间在废物流、资金流、信息流方面也存在复杂的交互作用。

6.3.1 居民用户 Agent 模块设计

居民用户是回收活动的基本参与单元，其决策直接影响着退役动力电池回收市场的综合管理成效，是本书所构建模型中最关键的主体。该主体的属性包含：一是所处地理位置的经纬度坐标；二是所属类别 k，基于第 4.5.5 节的实证研究结果，将回收态度偏向中立或消极、认知水平有待加强的居民类别记为 K1，将回收态度积极、认知水平有待加强的居民类别记为 K2，将回收态度积极、认知水平较高的居民类别记为 K3；三是待回收的退役动力电池容量 CAP。

基于计划行为理论及前人研究，本书所设定的居民效用函数及各构成部分表达形式如下：

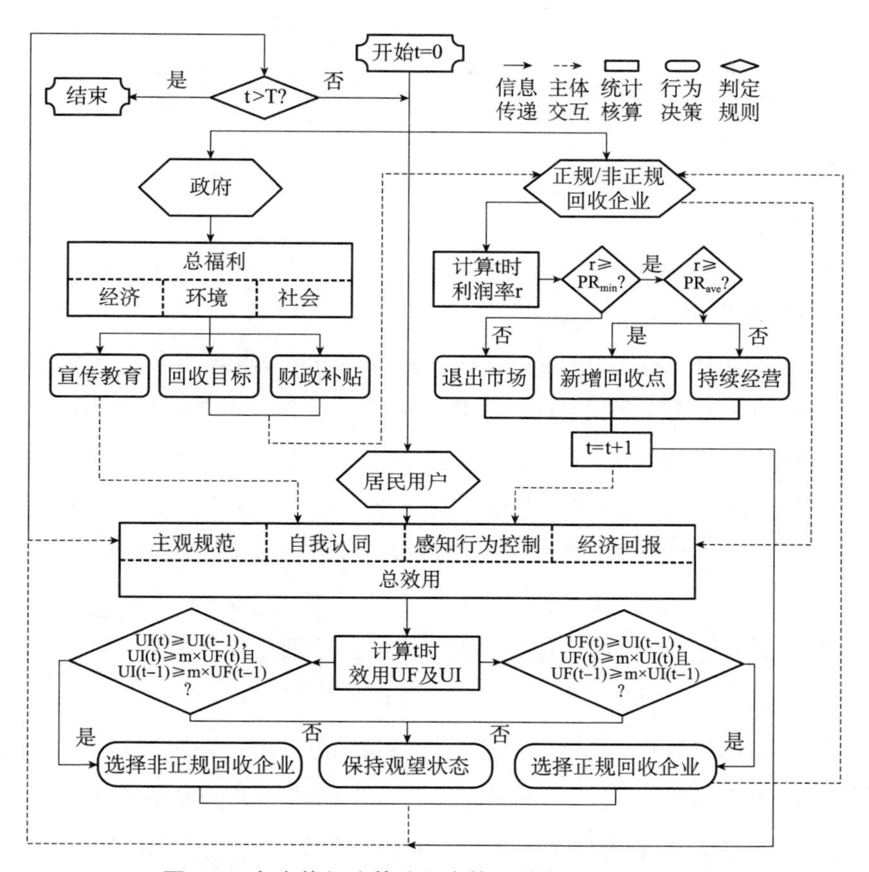

图 6.2　各主体行为策略及主体间动态交互作用流程

$$TU_{i,t} = \begin{cases} UF_{i,m,t} = U_{i,m,t}^{SN} + U_{i,m,t}^{PC} + U_{i,m,t}^{SI} + U_{i,m,t}^{EI} \text{ 当 } \theta_{i,m,t}^{f} = 1, \theta_{i,n,t}^{inf} = 0 \text{ 时} \\ UI_{i,n,t} = U_{i,n,t}^{SN} + U_{i,n,t}^{PC} + U_{i,n,t}^{SI} + U_{i,n,t}^{EI} \text{ 当 } \theta_{i,n,t}^{inf} = 1, \theta_{i,m,t}^{f} = 0 \text{ 时} \end{cases} \tag{6.1}$$

$$U_{i,m/n,t}^{SN} = \alpha_{i,t,k}^{SN} \times (v_{i,t-1}^{f\text{-}ratio} \times \theta_{i,m,t}^{f} + v_{i,t-1}^{inf\text{-}ratio} \times \theta_{i,n,t}^{inf}) \tag{6.2}$$

$$U_{i,m/n,t}^{PC} = \alpha_{i,t,k}^{PC} \times (v_{i,m,t}^{f\text{-}dist} \times \theta_{i,m,t}^{f} + v_{i,n,t}^{inf\text{-}dist} \times \theta_{i,n,t}^{inf}) \tag{6.3}$$

$$U_{i,m/n,t}^{SI} = \alpha_{i,t,k}^{SI} \times (v_{i,t,k}^{f\text{-}pref} \times \theta_{i,m,t}^{f} + v_{i,t,k}^{inf\text{-}pref} \times \theta_{i,n,t}^{inf}) \tag{6.4}$$

$$U_{i,m/n,t}^{EI} = \alpha_{i,t,k}^{EI} \times (v_{i,t,k}^{f\text{-}price} \times \theta_{i,m,t}^{f} + v_{i,t,k}^{inf\text{-}price} \times \theta_{i,n,t}^{inf}) \tag{6.5}$$

$$z_{i,m/n,t}^{f/inf} = \frac{CP_{i,m/n,t}^{f/inf} - \min(CP_{MIN}^{f} + S_{i,t}^{resid} \times \omega_{t}^{resid}, CP_{MIN}^{inf})}{\max(CP_{MAX}^{f} + S_{t}^{resid} \times \omega_{t}^{resid}, CP_{MAX}^{inf}) - \min(CP_{MIN}^{f} + S_{i,t}^{resid} \times \omega_{t}^{resid}, CP_{MIN}^{inf})} \tag{6.6}$$

$$q^{f}_{i,m,t}=\begin{cases}1 \text{ 当 } UF_{i,m,t}\geqslant UF_{i,m,t-1}, UF_{i,m,t}\geqslant \eta\times UI_{i,n,t} \text{ 且 } UF_{i,m,t-1}\geqslant \eta\times UI_{i,n,t-1}\\ 0 \text{ 其他}\end{cases} \tag{6.7}$$

$$q^{inf}_{i,n,t}=\begin{cases}1 \text{ 当 } UI_{i,n,t}\geqslant UI_{i,n,t-1}, UI_{i,t}\geqslant \eta\times UF_{i,m,t} \text{ 且 } UI_{i,n,t-1}\geqslant \eta\times UF_{i,m,t-1}\\ 0 \text{ 其他}\end{cases} \tag{6.8}$$

下面对各公式展开进行说明。

（1）居民用户在动力电池回收过程中的目标为追求效用 $TU_{i,t}$ 最大化，其中下脚标 i 和 t 为任意居民 Agent 和任意时刻。依据其选择回收渠道的不同，$TU_{i,t}$ 可进一步等价为如果选择正规回收企业（即 $\theta^{f}_{i,m,t}=1, \theta^{inf}_{i,n,t}=0$）所获得的效用 $UF_{i,m,t}$ 或者如果选择非正规回收企业（即 $\theta^{inf}_{i,n,t}=1, \theta^{f}_{i,m,t}=0$）所获得的效用 $UI_{i,n,t}$。其中，上脚标 f 和 inf 表示正规回收渠道和非正规回收渠道，下脚标 m 和 n 表示任意正规和任意非正规回收企业 Agent。如式（6.1）所示，$UF_{i,m,t}$ 和 $UI_{i,n,t}$ 又可进一步分解为四方面，分别是主观规范 $U^{SN}_{i,m/n,t}$、感知行为控制 $U^{PC}_{i,m/n,t}$、自我认同 $U^{SI}_{i,m/n,t}$ 和经济回报 $U^{EI}_{i,m/n,t}$。

（2）式（6.2）中，$U^{SN}_{i,m/n,t}$ 旨在刻画主观规范效用，即居民倾向于调整自身行为与整体趋于一致。$\alpha^{SN}_{i,t,k}$ 为主观规范对于回收决策的影响程度，因居民的回收认知和态度所属类别 k 而异，由第5.5.5节实证研究结果为输入。$v^{f\text{-}ratio}_{i,t-1}$ 和 $v^{inf\text{-}ratio}_{i,t-1}$ 的取值取决于一定距离内选择正规和非正规回收渠道的居民比例。具体来说，截至上一个时期期末即 $t-1$，假设在2平方公里内选择正规回收企业的居民比例在（80%，100%]、(60%，80%]、(40%，60%]、(20%，40%]、[0%，20%] 间，则 $v^{f\text{-}ratio}_{i,t-1}$ 的对应取值分别为5、4、3、2、1，$v^{inf\text{-}ratio}_{i,t-1}$ 的取值同理。在每一个模拟周期内，$v^{f\text{-}ratio}_{i,t-1}$ 和 $v^{inf\text{-}ratio}_{i,t-1}$ 均将根据居民行为的变化进行更新，体现了居民群体内部在时间迭代和空间分布上的非线性交互作用。

（3）式（6.3）中，$U^{PC}_{i,m/n,t}$ 旨在刻画感知行为控制效用，即居民在执行回收决策中对于相关促进或阻碍因素的感知水平和可控能力，在此体现为回收服务网点覆盖情况。$\alpha^{PC}_{i,t,k}$ 为感知行为控制对于回收决策的影响程度，因居民的回收认知和态度所属类别 k 而异，由第5.5.5节实证研究结果为输入。$v^{f\text{-}dist}_{i,m,t}$

和 $v_{i,n,t}^{inf\text{-}dist}$ 的取值取决于居民选择正规、非正规回收渠道交付退役动力电池时所需转移的距离。具体来说，截至当前时期即 t，假设任意居民 i 与正规回收企业 m 之间的最短距离为 0 ~ 1 千米、1 ~ 2 千米、2 ~ 3 千米、3 ~ 4 千米、4 千米以上，则 $v_{i,m,t}^{f\text{-}dist}$ 的对应取值分别为 5、4、3、2、1，$v_{i,n,t}^{inf\text{-}dist}$ 的取值同理。

（4）式（6.4）中，$U_{i,m/n,t}^{SI}$ 旨在刻画自我认同效用，即居民实际上会倾向于坚持自己的价值判断从事与自身认同相一致的行为，在此体现为对回收渠道的偏好。$\alpha_{i,t,k}^{SI}$ 为自我认同对于回收决策的影响程度，因居民的回收认知和态度所属类别 k 而异，由第5.5.5 节实证研究结果为输入。$v_{i,t,k}^{f\text{-}pref}$ 在 $k = K1, K2, K3$ 时的对应取值分别为［1，2）、［2，4）和［4，5］区间中的随机数，反映了对于正规回收渠道认可程度的提升；$v_{i,t,k}^{inf\text{-}pref}$ 在 $k = K1, K2, K3$ 时的对应取值分别为［4，5］、［2，4）和［1，2）区间中的随机数，反映了对于非正规回收渠道认可程度的下降。

（5）式（6.5）中，$U_{i,m/n,t}^{EI}$ 旨在刻画经济回报效用，即居民参与退役动力电池回收过程中所获得的收益。$\alpha_{i,t,k}^{EI}$ 为经济回报对于回收决策的影响程度，因居民的回收认知和态度所属类别 k 而异，由第 5.5.5 节实证研究结果为输入。$CP_{i,m,t}^{f}$ 和 $CP_{i,v,t}^{inf}$ 是正规、非正规回收企业支付给居民的单位电池容量回收价格。另外，二进制变量 ω_t^{resid} 代表政府是否执行面向居民的回收价格补贴政策，$S_{i,t}^{resid}$ 为补贴额度。如式（6.6）所示，为消除该分效用的量纲单位影响，采用 Min-Max 的方式对回收价格进行标准化处理，并将转换结果同其余三种效用一样映射在区间［1，5］，使各指标之间具有可比性。如果 $z_{i,m,t}^{f}$ 在（80%，100%］、（60%，80%］、（40%，60%］、（20%，40%］、［0，20%］区间内，则 $v_{i,t,k}^{f\text{-}price}$ 的取值分别为 5、4、3、2、1，$z_{i,n,t}^{inf}$ 和 $v_{i,t,k}^{inf\text{-}price}$ 的对应关系和取值范围同理。

（6）在行为策略上，居民 Agent 拥有三种回收方案：选择正规回收企业、选择非正规回收企业，保持观望状态。随着外部环境的动态变化，各个分效用将持续更新，居民 Agent 会对 $UF_{i,m,t}$ 和 $UI_{i,v,t}$ 重新进行核算。相比于普通废弃物，动力电池的经济价值相对较高，几乎占到了整车成本的 40%。因此，居民对其的回收决策更为审慎，一方面会对不同种方案进行横向对比，即 $UF_{i,m,t}$ 和 $UI_{i,v,t}$，以明确方案间的本质差异；另一方面会对同种方案进行纵向比较、如 $UF_{i,m,t}$ 和 $UF_{i,m,t-1}$ ，以把握政策的稳定趋势。如式（6.7）和式（6.8）所示，如果某一方案所产生的效用在两个模拟周期内均显著优于另一方案，且该方案在当期的效用超过其上一期的水平，居民会在当期执行该方案；否则，其将处于观望状态。

（7）居民 Agent 一旦完成退役动力电池的交付，决策行为在该期终止。相关信息将作为历史纪录存储于模拟模型中，并向其他模块进行传递。考虑到动力电池的报废是一个连续的过程，在每一期，将有 X 个新的居民 Agent 补充到其 Agent 群体中来。

6.3.2 正规回收企业 Agent 模块设计

目前，新能源汽车的主要购买力集中在一二线城市，而正规综合利用企业的产线多建在三四线城市。正规回收企业是解决退役动力电池供需求空间错位问题的重要环节，也是影响退役动力电池后续能否得到资源化、无害化处理的关键，是本书所构建模型中另一重要主体。它们的主营业务为回收居民用户的报废动力电池，然后将其转卖给正规综合利用企业，以赚取买卖差价。该主体的属性包含：一是所处地理位置的经纬度坐标；二是从居民处所回收的退役动力电池总容量；三是单位容量退役动力电池回收价格；四是单位容量退役动力电池梯次利用市场价格和经济利润，以第 4.5.4 节的研究结果为数据输入；五是单位容量退役动力电池再生利用市场价格和经济利润；六是退役动力运输成本；七是运营成本。

本书假设回收企业是自主经营、自负盈亏的，其利润函数表达形式及各组成部分如下所示：

$$NP^{f}_{m,t} = -Cost^{f\text{-}pay}_{m,t} - Cost^{f\text{-}opera}_{m,t} - Cost^{f\text{-}trans}_{m,t} + Income^{f\text{-}sell}_{m,t} + Income^{f\text{-}targe}_{m,t} \quad (6.9)$$

$$Cost^{f\text{-}pay}_{m,t} = \sum_{i}^{I}(q^{f}_{i,m,t} \times CAP_i \times CP^{f}_{i,m,t}) \quad (6.10)$$

$$Cost^{f\text{-}opera}_{m,t} = Cost^{f\text{-}rent}_{m,t} + Cost^{f\text{-}labor}_{m,t} \quad (6.11)$$

$$Cost^{f\text{-}trans}_{m,t} = \lambda_1 \times \sum_{i}^{I}(q^{f}_{i,m,t} \times CAP_i)^2 + \lambda_2 \times \sum_{i}^{I}(q^{f}_{i,m,t} \times CAP_i) + \lambda_3 \quad (6.12)$$

$$Income_{m,t}^{f\text{-}sell} = \sum_{i}^{I}\left\{q_{i,m,t}^{f} \times CAP_{i} \times \left[\begin{array}{l}\beta_{m,t}^{f\text{-}mat} \times (MP_{m,t}^{f\text{-}mat} + NP_{m,t}^{f\text{-}mat}) + \beta_{m,t}^{f\text{-}sec} \times \\ (MP_{m,t}^{f\text{-}mat} + NP_{m,t}^{f\text{-}mat} + MP_{m,t}^{f\text{-}sec} + NP_{m,t}^{f\text{-}sec})\end{array}\right]\right\} \tag{6.13}$$

$$Income_{m,t}^{f\text{-}targe} = \left[\sum_{i}^{I}(q_{i,m,t}^{f} \times CAP_{i}) - Q_{m,t}^{targe}\right] \times S_{m,t}^{targe} \times \omega_{t}^{targe} \tag{6.14}$$

$$PR_{m,t}^{f} = \frac{NP_{m,t}^{f}}{Cost_{m,t}^{f\text{-}pay} + Cost_{m,t}^{f\text{-}opera} + Cost_{m,t}^{f\text{-}trans}} \tag{6.15}$$

下面对各公式展开进行说明。

（1）如式（6.9）所示，正规回收企业的目标为追求净利润 $NP_{m,t}^{f}$ 最大化。

（2）式（6.10）中，$Cost_{m,t}^{f\text{-}pay}$ 为任意正规回收企业 m 向居民支付回收价格所带来的总收购成本，取决于实际回收量 $q_{i,m,t}^{f} \times CAP$ 和单位回收价格 $CP_{i,m,t}^{f}$。

（3）式（6.11）中，$Cost_{m,t}^{f\text{-}opera}$ 为任意正规回收企业 m 的总经营成本，主要包括场地租金 $Cost_{m,t}^{f\text{-}rent}$ 和人员薪酬 $Cost_{m,t}^{f\text{-}labor}$。

（4）动力电池的移交需做好防爆、绝缘等安全保障措施，式（6.12）中 $Cost_{m,t}^{f\text{-}trans}$ 为任意正规回收企业 m 在运输环节的总成本，采用二次函数的形式以反映规模经济性。

（5）考虑到生产者责任延伸制度的要求，再加之汽车生产企业和正规回收企业往往有密切的合作关系，本书假设图 6.1 所示的综合利用过程均处于动力电池的闭环系统中。对于正规回收企业而言，相应收入如式（6.13）所示。具体来说，正规回收企业以市场价格 $MP_{m,t}^{f\text{-}sec}$ 将退役动力电池转卖给正规梯次利用企业，从而对其进行质量检测、模组拆解、安全评估等专业操作。在退役动力电池经过改造达到专业梯次利用产品的要求后，正规回收企业会对其进行回购，并应用到园区、充电站、通信基站等梯次利用场景中，该部分净利润由符号 $NP_{m,t}^{f\text{-}sec}$ 表示。当梯次利用产品无法再继续使用时，正规回收企业以市场价格 $MP_{m,t}^{f\text{-}mat}$ 将其转卖给正规再生利用企业，委托其对退役动力电池进行湿法、干法等冶金处理，并将所提取出的有价金属材料用于动力电池的再制造中，该部分净利润由符号 $NP_{m,t}^{f\text{-}mat}$ 表示。考虑到动力电池在衰减程度、性能状态上的差异，$\beta_{m,t}^{f\text{-}mat}$ 和 $\beta_{m,t}^{f\text{-}sec}$ 分别表示所回收的动力电池直接进行再生利用的比例、先进行梯次利用再进行再生利用的比例。

（6）式（6.14）中，$Income_{m,t}^{f\text{-}targe}$ 为正规回收企业所获得的回收目标责任政策下的达标补贴收入，其中二进制变量 ω_t^{targe} 代表政府是否执行回收目标责任政策，即对于实际回收量超过设定目标以上的部分按量补贴。其中，$S_{m,t}^{targe}$ 为补贴额度，$Q_{m,t}^{targe}$ 为政府所规定的最低回收量。若实际回收量低于目标要求，式（6.14）可以理解为正规回收企业需要向政府缴纳的罚款。

（7）式（6.15）中，$PR_{m,t}^{f}$ 为任意正规回收企业 m 在任意时期期末 t 的利润率。

（8）基于对当前回收市场现状的调研，本书假设正规回收企业 Agent 拥有如下三种行为策略：当 $PR_{m,t}^{f}$ 连续三个月低于最低利润率 PR_{MIN}^{f} 时，盈利状况难以为继，企业将退出市场；当 $PR_{m,t}^{f}$ 连续三个月高于平均利润率 PR_{AVE}^{f} 时，行业发展势头良好，企业将在附近新增加一个回收服务网点；当 $PR_{m,t}^{f}$ 介于 PR_{MIN}^{f} 和 PR_{AVE}^{f} 之间时，企业将保持现状、继续经营。

6.3.3 非正规回收企业 Agent 模块设计

当前回收市场上存在较多缺乏行业资质的非正规回收企业。它们普遍场地设施简陋、回收工艺粗暴。由于整体成本较低，其通常以高回收价格作为优势，从居民手中回购退役动力电池，再后续转卖给非正规综合利用企业来盈利。非正规回收企业是正规回收企业在回收市场上的主要竞争对手，是本书所构建模型中另一重要主体。该主体的属性包含：一是所处地理位置的经纬度坐标；二是从居民处所回收的退役动力电池总容量；三是单位容量退役动力电池回收价格；四是单位容量退役动力电池梯次利用市场价格和经济利润；五是单位容量退役动力电池再生利用市场价格和经济利润；六是退役动力运输成本；七是运营成本。

本书假设非正规回收企业也是自主经营、自负盈亏的，其净利润函数表达形式及各组成部分与正规回收企业相似，具体如下所示：

$$NP_{n,t}^{inf} = -Cost_{n,t}^{inf\text{-}pay} - Cost_{n,t}^{inf\text{-}opera} - Cost_{n,t}^{inf\text{-}trans} + Income_{n,t}^{inf\text{-}sell} \tag{6.16}$$

$$Cost_{n,t}^{inf\text{-}pay} = \sum_{i}^{I}(q_{i,n,t}^{inf} \times CAP_i \times CP_{i,n,t}^{inf}) \tag{6.17}$$

$$Cost_{n,t}^{inf\text{-}opera} = Cost_{n,t}^{inf\text{-}rent} + Cost_{n,t}^{inf\text{-}labor} \tag{6.18}$$

$$Cost_{n,t}^{inf\text{-}trans} = \lambda_4 \times \sum_{i}^{I}(q_{i,n,t}^{inf} \times CAP_i) \tag{6.19}$$

$$Income_{n,t}^{inf\text{-}sell} = \sum_{i}^{I}\left\{q_{i,n,t}^{inf} \times CAP_i \times \left[\begin{matrix}\beta_{n,t}^{inf\text{-}mat} \times (MP_{n,t}^{inf\text{-}mat} + NP_{n,t}^{inf\text{-}mat}) + \beta_{n,t}^{inf\text{-}sec} \times \\ (MP_{n,t}^{inf\text{-}mat} + NP_{n,t}^{inf\text{-}mat} + MP_{n,t}^{inf\text{-}sec} + NP_{n,t}^{inf\text{-}sec})\end{matrix}\right]\right\} \tag{6.20}$$

$$PR_{n,t}^{inf} = \frac{NP_{n,t}^{inf}}{Cost_{n,t}^{inf\text{-}pay} + Cost_{n,t}^{inf\text{-}opera} + Cost_{n,t}^{inf\text{-}trans}} \tag{6.21}$$

下面对各公式展开进行说明。

（1）如式（6.16）所示，非正规回收企业的目标为追求净利润 $NP_{n,t}^{inf}$ 最大化。

（2）式（6.17）中，$Cost_{n,t}^{inf\text{-}pay}$ 为任意非正规回收企业 n 向居民支付回收价格所带来的总收购成本，取决于实际回收量 $q_{i,n,t}^{inf} \times CAP$ 和单位回收价格 $CP_{i,n,t}^{inf}$。

（3）式（6.18）中，$Cost_{n,t}^{inf\text{-}opera}$ 为任意非正规回收企业 n 的总经营成本，主要包括场地租金 $Cost_{n,t}^{inf\text{-}rent}$ 和人员薪酬 $Cost_{n,t}^{inf\text{-}labor}$。

（4）非正规回收企业主要利用普通车辆作为运输工具转移退役动力电池，该方式已较为成熟，因此采用一次函数形式刻画成本，如式（6.19）所示。

（5）式（6.20）中，$Income_{n,t}^{inf\text{-}sell}$ 为任意非正规回收企业 n 将退役动力电池转卖给非正规综合利用企业所获得的收入，$\beta_{n,t}^{inf\text{-}mat}$ 和 $\beta_{n,t}^{inf\text{-}sec}$ 分别表示所回收的动力电池直接进行再生利用的比例、先进行梯次利用再进行再生利用的比例，$MP_{n,t}^{inf\text{-}mat}$ 和 $MP_{n,t}^{inf\text{-}sec}$ 分别对应这两种用途下动力电池的市场价格。$NP_{n,t}^{inf\text{-}mat}$ 和 $NP_{n,t}^{inf\text{-}sec}$ 分别对应这两种用途下动力电池的所带来的净利润。

（6）式（6.21）中，$PR_{n,t}^{inf}$ 为任意非正规回收企业 n 在任意时期期末 t 的利润率。

（7）鉴于政府对于违法回收活动的整改、取缔态势，本书不再考虑非正规回收企业的扩张策略。具体而言，非正规回收企业 Agent 拥有如下两种行为策略：当 $PR_{n,t}^{inf}$ 连续三个月低于最低利润率 PR_{MIN}^{inf} 时，企业将退出市场；其他情况下，企业将维持现状。

在每个模拟周期内，一方面，正规和非正规回收企业的经营策略会影响回收服务网点的分布情况，进而直接影响居民的感知行为控制效用，其动力电池回收价格会直接影响居民的经济回报效用，上述两部分效用综合影响居民所选择的移交对象；另一方面，该决策结果又会反过来影响各回收企业的经营状况。这体现了居民群体和正规回收企业群体、非正规回收企业群体之间在时间迭代和空间分布上的非线性交互作用。

6.3.4 政府 Agent 模块设计

政府通过干预手段对整个回收系统中居民、企业等微观主体的行为进行调控，是模型中另一个重要的主体。通过对国内外的回收政策进行梳理，本书考虑如下四项措施。

$\omega_t^{targe}=1$ 代表向正规回收企业超过规定要求 $Q_{m,t}^{targe}$ 以上的回收量部分提供额度为 $S_{m,t}^{targe}$ 的单位达标补贴。

$\omega_t^{resid}=1$ 代表向选择正规回收企业的居民提供额度为 $S_{i,t}^{resid}$ 的回收价格补贴。

$EL=1,2,3,4,5$ 依次代表政府从不执行、到执行力度逐步增强的公共宣传政策。如图 6.3 所示，本书假设居民的回收态度和认知水平，即所属类别 k，在一定条件下可以实现由低级别向高级别的跃迁，但不会存在由高级别向低级别的转化。具体情形如式（6.22）所示，δ_i^{EL} 和 δ_i^{NE} 表示居民受宣传教育、邻里规范影响的敏感度，GAP 为转化前后所属类别的等级差额。鉴于本书在第四章的实证研究识别出了三种属性的居民，因此此处最大的 GAP 为 2，即从回收态度偏向中立或消极、认知水平有待加强的类别 K1，转化为回收态度积极、认知水平较高的类别 K3。另外，只有当外界的刺激水平超过 GAP 时，转化才有可能实现。考虑到认知水平和观念态度的连贯性，跨级转化的概率要低于其向相邻高等级类型转化的概率。当居民完成类别跃迁后，其分效用对于回收决策的影响程度系数会随之更新。

$$\xi_{GAP} = \begin{cases} \xi_{GAP=1}, \xi_{GAP=2} & 当\ \delta_i^{NE} \times (v_{ratio}^{for} - 1) + \delta_i^{EL} \times (EL - 1) - GAP > 0 \\ 0 & 当\ \delta_i^{NE} \times (v_{ratio}^{for} - 1) + \delta_i^{EL} \times (EL - 1) - GAP < 0 \end{cases} \tag{6.22}$$

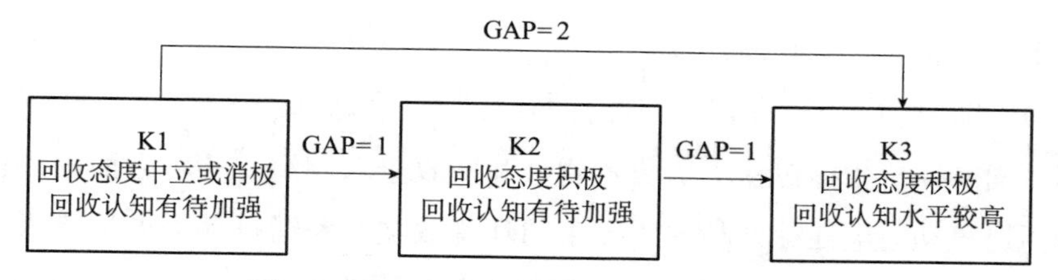

图 6.3　居民回收态度及回收认知类别转化

政府主体所制定的调控措施将被设置为各情景下的环境参数，以模拟政策引入后居民、回收企业等微观主体的行为响应、交互作用及宏观系统的动态演化过程。考虑到回收系统的综合管理目标，本书将以涵盖了经济、环境和社会三个维度的总福利为指标评估实施效果，具体如下所示：

$$SW_t = SW_t^{resid-f} + SW_t^{resid-inf} + SW_t^{profi-f} + SW_t^{profi-inf} + SW_t^{benef} + SW_t^{pollu} + SW_t^{polic-resid} + SW_t^{polic-targe} + SW_t^{polic-fixed} \tag{6.23}$$

$$SW_t^{resid-f} = \sum_m^M \sum_i^I \left\{ q_{i,m,t}^f \times Cap_i \times \left[\begin{array}{l} CP_{i,m,t}^f + S_{i,t}^{resid} \times \omega_t^{resid} \\ - \min(CP_{MIN}^f + S_{i,t}^{resid} \times \omega_t^{resid}, CP_{MIN}^{inf}) \end{array} \right] \right\} \tag{6.24}$$

$$SW_t^{resid-inf} = \sum_n^N \sum_i^I \{ q_{i,n,t}^{inf} \times Cap_i \times [CP_{i,n,t}^{inf} - \min(CP_{MIN}^f + S_{i,t}^{resid} \times \omega_t^{resid}, CP_{MIN}^{inf})] \} \tag{6.25}$$

$$SW_t^{profi-f} = \sum_m^M NP_{m,t}^f \tag{6.26}$$

$$SW_t^{profi-inf} = \sum_n^N NP_{n,t}^{inf} \tag{6.27}$$

$$SW_t^{benef} = \sum_m^M \sum_i^I (q_{i,m,t}^f \times Cap_i \times EB) \tag{6.28}$$

$$SW_t^{pollu} = \sum_{n}^{N} \sum_{i}^{I} (q_{i,n,t}^{inf} \times Cap_i \times EP) \tag{6.29}$$

$$SW_t^{polic-resid} = - \sum_{m}^{M} \sum_{i}^{I} (q_{i,m,t}^{f} \times Cap_i \times S_{i,t}^{resid} \times \omega_t^{resid}) \tag{6.30}$$

$$SW_t^{polic-targe} = - \sum_{m}^{M} [\sum_{i}^{I} (q_{i,m,t}^{f} \times CAP_i) - Q_{m,t}^{targe}] \times S_{m,t}^{targe} \times \omega_t^{targe} \tag{6.31}$$

下面对各公式展开进行说明。

（1）如式（6.23）所示，政府的目标为追求总福利 SW_t 最大化。其中，经济方面的评价指标包括了消费者剩余和回收企业利润。环境方面的评价指标包括退役动力电池综合利用所带来的环境效益，和退役动力电池流入非正规回收渠道所带来的环境污染。由于政府支出是对整个社会公共资源的分配和使用，因此本书将执行成本作为社会方面的评价指标。

（2）式（6.24）和式（6.25）分别核算了选择正规回收企业的居民用户和选择非正规回收企业的居民用户的消费者剩余，即其实际获得的回收收入与市场上最低的回收收入之间的差额部分。

（3）式（6.26）和式（6.27）分别对应市场上所有的正规回收企业和所有的非正规回收企业的净利润。

（4）式（6.28）和式（6.29）分别对应流入正规回收渠道、非正规回收渠道的退役动力电池分别带来的环境效益和环境污染。

（5）式（6.30）和式（6.32）分别对应政府在执行面向消费者的回收价格补贴政策和面向正规回收企业的回收目标责任政策时所付出的执行成本。

6.3.5　建模平台选择

当前主流的基于 Agent 的建模与仿真应用平台包括以下五种。

（1）NetLogo：由美国西北大学连接学习与计算机建模中心共同研发，采用 Java 语言编写，自身带有模型库，以便用户自行改变相关条件设置进行探索性研究。

（2）Swarm：由圣菲研究所研发，采用 Objective C 语言编写，是一个基于 Agent 建模的标准软件工具集，定义了通用的模拟框架，以便研究人员在该框架中定义自己的应用。

（3）MASON：由美国乔治梅森大学研发，采用 Java 语言编写，聚焦于对计算有严格要求模型的支持，具有软件更小且运行速度更快的特点，其自带模型可以嵌入到其他 Java 应用当中，并附有 2D 和 3D 可视化工具可选模块。

（4）Repast：由芝加哥大学和阿贡国家实验室共同研发，提供了对 C#、Java 和 Python 在内多种编程语言的支持，并提供了内置的适应功能，如遗传算法和回归等，具有支持内置的系统动态模型、支持完全并行的离散事件操作等特点。

（5）AnyLogic：由俄罗斯 XJ 技术公司研发，能够同时支持离散事件、系统动力学以及基于智能体建模的仿真。研究人员既可以通过其自身所提供的专业库、以拖拉到工作空间的方式快速完成仿真模型的构建，也可以采用 Java 语言编写代码块从而实现更为灵活的仿真功能。

鉴于 AnyLogic 的扩展性更强，本研究选择 AnyLogic 8.5.2 作为建模平台，进行“动力电池回收系统多主体行为模拟模型”的开发，其中相关界面设置如图 6.4 所示。

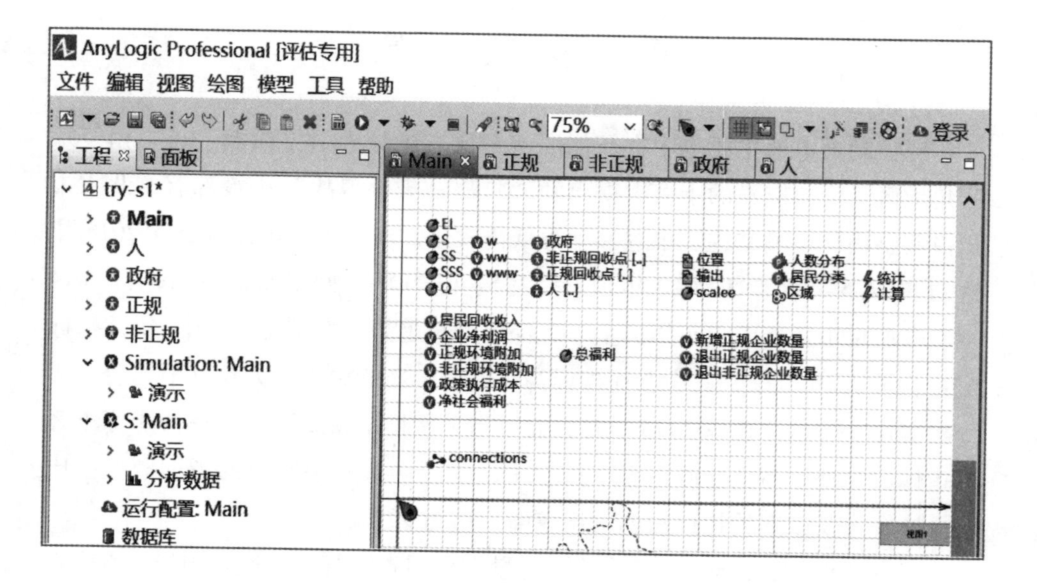

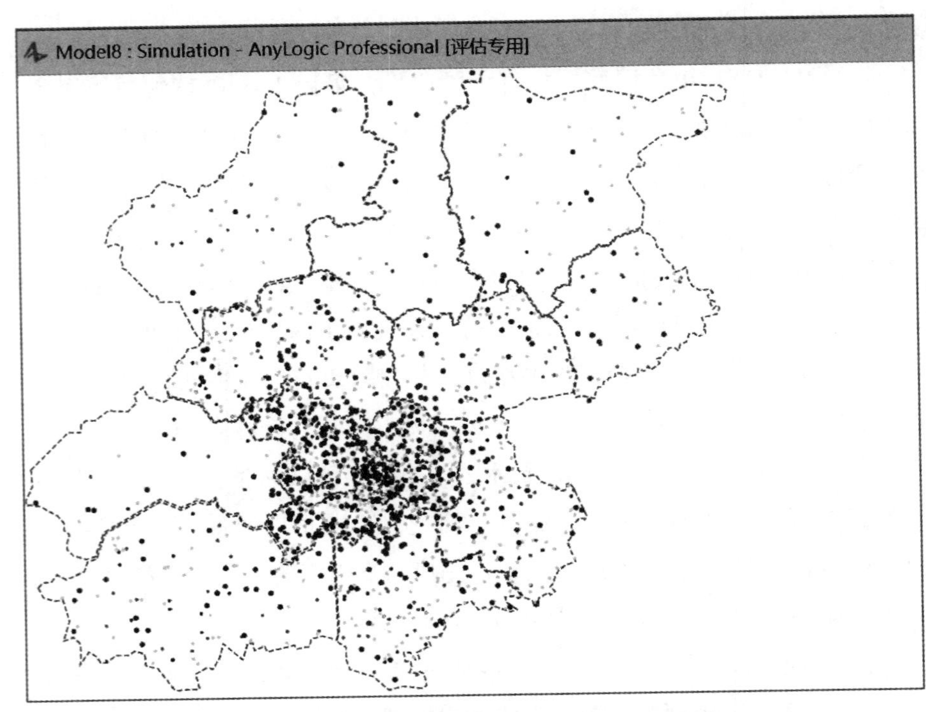

图 6.4　AnyLogic 建模平台中的相关界面设置

6.4　参 数 设 置

退役动力电池主要集中在新能源汽车保有量较大的京津冀、长三角及珠三角地区。为响应党的十九大提出的“打赢蓝天保卫战”决策部署，北京市积极调整优化运输结构、推进移动源低排放化，新能源汽车保有量在 2018 年达到了 22.5 万辆，在 2020 年预计将达到 40 万辆。如图 6.5 所示，自 2014 年以来北京市新能源汽车指标量一直保持增长趋势。特别是在 2018 年，指标配置总量达 10 万个，其中普通指标为 4 万个，新能源指标为 6 万个，后者第一次实现了超越。在 2020 年 7 月，北京市一次性增发 2 万个家庭新能源小客车指标。此外，在新能源小客车指标中，单位和营运小客车的指标额度占比较低，个人及家庭的指标额度占比较高，约为 90%。

考虑到北京市的新能源汽车推广总量在全国省级行政区域内领先，本书将以北京市为例进行研究分析，模型的模拟周期 t 为一个月，共计 15 个周期。

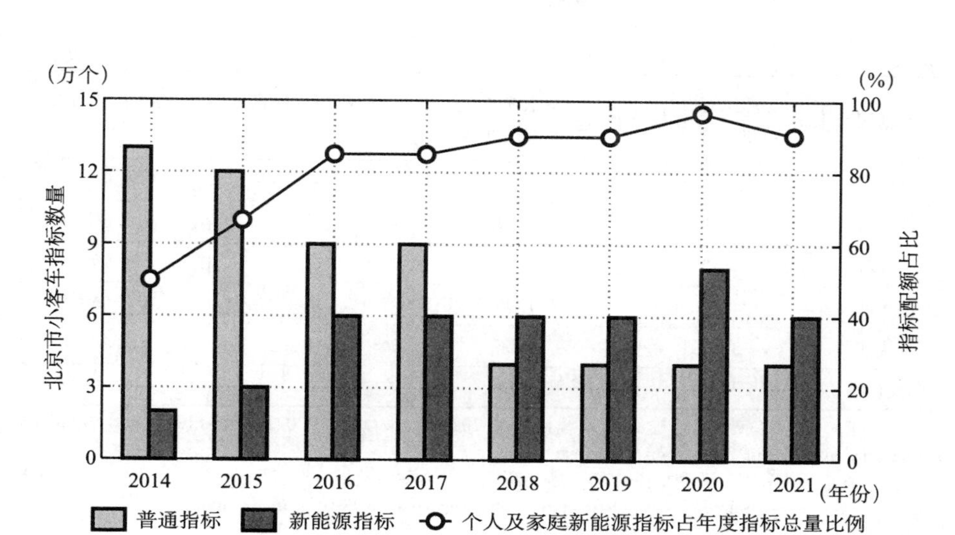

图6.5　北京市小客车指标数量和配置比例

资料来源：北京市小客车指标调控管理信息系统。

6.4.1　居民用户Agent参数

如表6.2所示，2019年北京市常住人口达到2153.6万人，其中排名前五位的市辖区包括朝阳区、海淀区、昌平区、丰台区和大兴区。

表6.2　　北京市常住人口及动力电池回收服务网点数量

市辖区	常住人口数量（万人）	常住人口数量占比（%）	回收服务网点数量（个）	回收服务网点数量占比（%）
朝阳区	347.3	16.13	54	35.76
海淀区	323.7	15.03	22	14.57
昌平区	216.6	10.06	10	6.62
丰台区	202.5	9.40	21	13.91
大兴区	188.8	8.77	10	6.62
通州区	167.5	7.78	7	4.64
房山区	125.5	5.83	5	3.31
顺义区	122.8	5.70	10	6.62
西城区	113.7	5.28	0	0.00
东城区	79.4	3.69	0	0.00

续表

市辖区	常住人口数量（万人）	常住人口数量占比（%）	回收服务网点数量（个）	回收服务网点数量占比（%）
石景山区	57	2.65	6	3.97
密云区	50.3	2.34	1	0.66
平谷区	46.2	2.15	3	1.99
怀柔区	42.2	1.96	1	0.66
延庆区	35.7	1.66	1	0.66
门头沟区	34.4	1.60	0	0.00

资料来源：①北京市统计局．北京统计年鉴 2020［EB/OL］.［2021－01－10］. http：//nj.tjj.beijing.gov.cn/nj/main/2020－tjnj/zk/indexch.htm.

②中华人民共和国工业和信息化部．新能源汽车动力蓄电池回收服务网点信息［EB/OL］.［2020－09－30］. https：//wap.miit.gov.cn/datainfo/zysjk/xnyqcdlxdchsfwwdxx/index.html.

根据第3章的预测结果，2020年北京市的退役动力电池重量约为5058吨，与相关机构披露结果相近。据统计，平均每辆新能源汽车的动力电池重量约为300千克。因此，面临退役动力电池回收处理决策的居民数量约为16860个，平均每月1400个。本书假定居民Agent数量与实际面临动力电池回收决策居民数量的比例为1：1，且整个回收系统中动力电池报废量相对比较稳定，即在模型启动时刻共有1400个初始居民Agent，在每一个模拟周期t都会新增1400个居民Agent。初始和新增居民Agent的所在市辖区依据表6.2的常住人口数量占比决定，具体地理位置在各市辖区内随机分布。另外，各居民类型占比同第5.4.5中的调研结果一致，即回收态度偏向中立或消极、认知水平有待加强的K1类为20.6%，回收态度积极、认知水平有待加强的K2类为60.0%，回收态度积极、认知水平较高的K3类为19.4%。相应地，各分效用对于回收决策的影响权重以第四章实证分析的数据结果为参数输入。另外，本书假设对于K1类和K2类居民，有$\delta_{K1/K2}^{NE}=[0,1]$，$\delta_{K1/K2}^{EL}=[0,1]$和$\delta_{K1/K2}^{NE}+\delta_{K1/K2}^{EL}=1$。在居民类别转化概率方面，本书假设$\xi_{GAP=1}=20\%$和$\xi_{GAP=2}=10\%$。此外，居民Agent所持有的待回收退役动力电池容量CAP服从低限为40千瓦时、众数为45千瓦时、上限为60千瓦时的三角分布，效用比较阈值系数η设为1.2。

6.4.2 回收企业 Agent 参数

随着相关政策陆续出台，各汽车生产企业不断响应并落实生产者责任延伸制度的要求。截至 2020 年 6 月底，北京市退役动力电池回收服务网点的数量已经增至 288 个，合并地址信息重复的共用网点以及面向客车的网点后，针对居民用户乘用车的服务网点共计 151 个（见附录 B“北京市动力电池回收服务网点信息”）。由图 6.6 的分布情况所示，当前动力电池回收服务网点主要集中于常住人口数量较多的市辖区，如朝阳区、海淀区、丰台区和昌平区，其占到了常住人口总量的 50.62% 和回收服务网点总量的 70.86%。

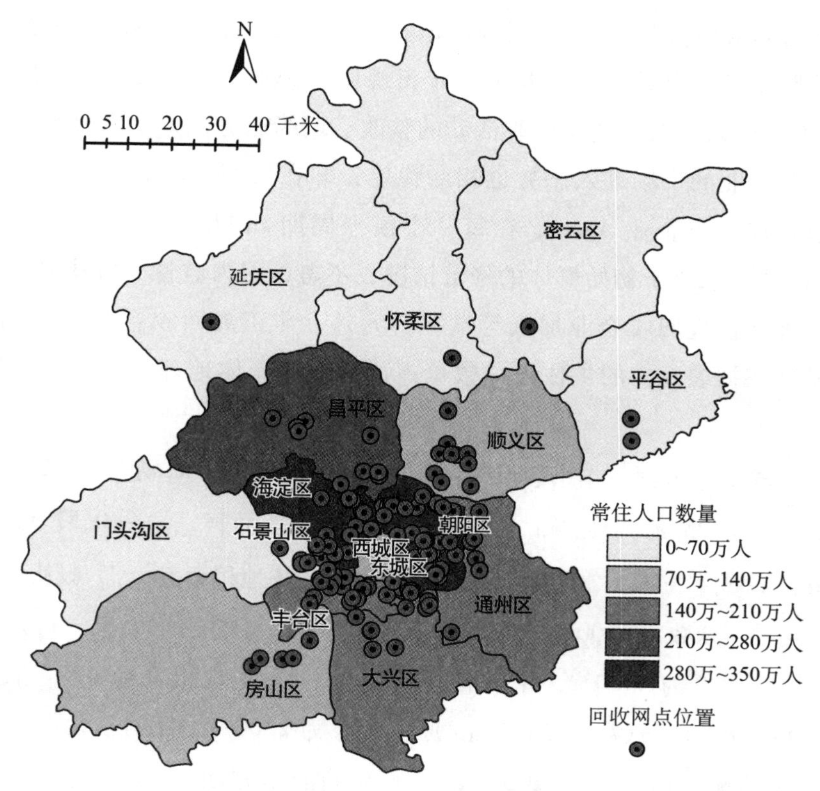

图 6.6　北京市常驻人口及动力电池回收服务网点分布

资料来源：①北京市统计局．北京统计年鉴 2020［EB/OL］．［2021 - 01 - 10］．http：//nj. tjj. beijing. gov. cn/nj/main/2020 - tjnj/zk/indexch. htm.

②中华人民共和国工业和信息化部．新能源汽车动力蓄电池回收服务网点信息［EB/OL］．［2020 - 09 - 30］．https：//wap. miit. gov. cn/datainfo/zysjk/xnyqcdlxdchsfwwdxx/index. html.

本书假定正规回收企业 Agent 数量与实际动力电池回收服务网点数量的比例为 1∶1，且整个回收系统中正规回收企业的市场进入态势已经相对稳定，即在模型启动时刻共有 151 个初始正规回收企业 Agent，在每一个模拟周期 t 内现存正规回收企业 Agent 的数量取决于初始群体的经营情况，不考虑初始群体以外其他无关的新正规回收企业的加入。正规回收企业 Agent 的地理位置按照其准确的经纬度坐标（详见附录 B）采用 AnyLogic 建模平台的在线地理信息系统（Geographic Information System，GIS）地图功能导入。

由于非正规回收企业普遍为简易小作坊和挂靠于普通废旧物资回收公司名下的企业，多在某些在线交易平台上比较活跃，其网点位置的流动性较强，公开披露的信息较少。为了充分反映回收市场的竞争情况，本书假定实际非正规回收服务网点数量为 350 个，非正规回收企业 Agent 数量与其比例为 1∶1。考虑到政府对于违法回收活动的整改、取缔态势，整个回收系统中非正规回收企业的市场进入态势也相对稳定，即在模型启动时刻共有 350 个初始非正规回收企业 Agent，在每一个模拟周期 t 内现存非正规回收企业 Agent 的数量取决于初始群体的经营情况，不考虑因为监管压力其主动退出以及其他新正规回收企业加入等情况。另外，非正规回收企业 Agent 的所在市辖区依据表 6.2 的常住人口数量占比决定，具体地理位置在各市辖区内随机分布。

在运输成本方面，本书假设对于正规回收企业而言，λ_1 为 -0.02，λ_2 为 2.86，λ_3 为 0.25 元/千瓦时；对于非正规回收企业而言，λ_4 为 0.57 元/千瓦时。在运营成本方面，本书假设正规回收企业的场地租金 $Cost_{m,t}^{f\text{-}rent}$ 服从低限为 3000 元/月、众数为 3200 元/月、上限为 3500 元/月的三角分布，每月的人员薪酬 $Cost_{m,t}^{f\text{-}labor}$ 为 3000 元/月；非正规回收企业的场地租金 $Cost_{n,t}^{inf\text{-}rent}$ 服从低限为 2000 元/月、众数为 2300 元/月、上限为 2500 元/月的三角分布，每月的人员薪酬 $Cost_{n,t}^{inf\text{-}labor}$ 为 2000 元/月。在利润率方面，本书假设 $PR_{AVE}^{f}=8\%$ 和 $PR_{MIN}^{f/inf}=3\%$。

据调研以及第 4.5.4 节的研究结果，正规及非正规回收企业的退役动力电池回收价格 $CP_{i,m/n,t}^{f/}$、梯次利用市场价格 $MP_{m/n,t}^{f/inf\text{-}sec}$、再生利用市场价格 $MP_{m/n,t}^{f/inf\text{-}mat}$、梯次利用经济利润 $NP_{m/n,t}^{f/inf\text{-}sec}$、再生利用经济利润 $NP_{m/n,t}^{f/inf\text{-}mat}$、梯次利用电池占比 $\beta_{m/n,t}^{f/inf\text{-}sec}$、再生利用电池占比 $\beta_{m/n,t}^{f/inf\text{-}mat}$ 参数如表 6.3 所示。

表 6.3　　正规及非正规回收企业相关参数

	从居民处回收价格（元/千瓦时）	梯次利用市场价格（元/千瓦时）	梯次利用经济利润（元/千瓦时）	梯次利用电池占比（%）	再生利用市场价格与再生利用经济利润加和（元/千瓦时）	再生利用电池占比（%）
正规回收企业	三角分布（90，100，120）	三角分布（100，110，130）	399	均匀分布（60，70）	三角分布（140，148，157）	均匀分布（4.0，40）
非正规回收企业	三角分布（150，175，200）	三角分布（160，185，210）	320	均匀分布（4.0，40）	三角分布（114，120，127）	均匀分布（60，70）

6.4.3　政府 Agent 参数

基于乔勤语等（2019，2020）的研究成果及相关电池非法回收案件的法院判决结果，本书假定退役动力电池经由正规回收渠道再生利用所带来的环境效益 *EB* 为 4.04 元/千瓦时，其流入非正规回收渠道所带来的环境污染治理成本 *EP* 为 35.84 元/千瓦时。

6.5　政策模拟及结果分析

6.5.1　无政策干预

在无任何政策干预的情景下，即 $\omega^{resid}=0$、$\omega^{targe}=0$ 和 $EL=1$ 时，居民 Agent 对于回收渠道的选择演变情况如图 6.7 所示。基于第 5.3.1 节中的假定，居民 Agent 一方面会对不同种方案进行横向对比以明确其本质性的差异，另一方面会对同种方案进行纵向比较以把握政策的稳定趋势。因此，其在 t1 期时均保持观望态势，在 t2 期以后逐渐作出选择。随着周期 t 的推移，选择正规回收渠道的居民 Agent 占比呈现缓慢的升高态势，由 t2 期的 2.32% 最终达到了 t15 期的 7.19%，平均每期的增长率为 9.08%。

相应地，正规及非正规回收企业 Agent 数量的演变情况如图 6.8 所示。

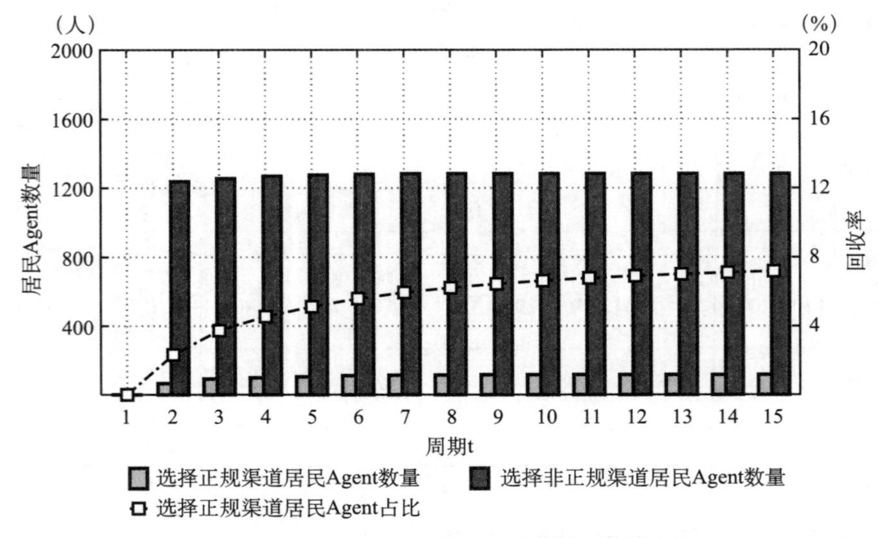

图 6.7　无政策干预情景下居民的回收渠道决策

基于第 5. 3. 2 节和第 5. 3. 3 节中的假定，企业 Agent 会根据连续三个月的净利润率进行退出市场、继续经营、新增回收服务网点进入市场等决策。因此，其在 t1 ~ t3 期的现存数量均保持不变，在 t4 期逐渐做出经营策略的调整。具体来说，非正规回收企业 Agent 的现存数量在 t4 期由初始的 350 家下降为 326 家并保持至 t15 期；正规回收企业 Agent 的现存数量在 t4 期由初始的 151 家下降为 50 家，并经过一系列新增、退出过程在 t15 期达到 75 家。

本书以经济、环境和社会三个维度的总福利为指标评估无干预政策的实施效果。其中，经济方面的评价指标包括了消费者剩余和回收企业利润；环境方面的评价指标包括退役动力电池综合利用所带来的环境效益，和退役动力电池流入非正规回收渠道所带来的环境污染；社会方面的评价指标包括了政策执行成本。鉴于当前 $\omega^{resid}=0$ 以及 $\omega^{targe}=0$，因此，没有相应的政策支出。如图 6.9 所示，在消费者剩余方面，由于选择非正规回收渠道的居民 Agent 整体而言占比较高，且在无政策干预下其实际获得的回收收入与市场上最低的回收收入之间的差额部分较大，该部分相应地约占到了整个消费者剩余的 98.71%。尽管正规回收企业 Agent 与非正规回收企业 Agent 在回收量上差距较为悬殊，但是正规回收企业 Agent 在利润方面的平均占比还是达到了 17.19%。这主要是因为非正规回收企业的综合利用处理方式较为粗放，难以

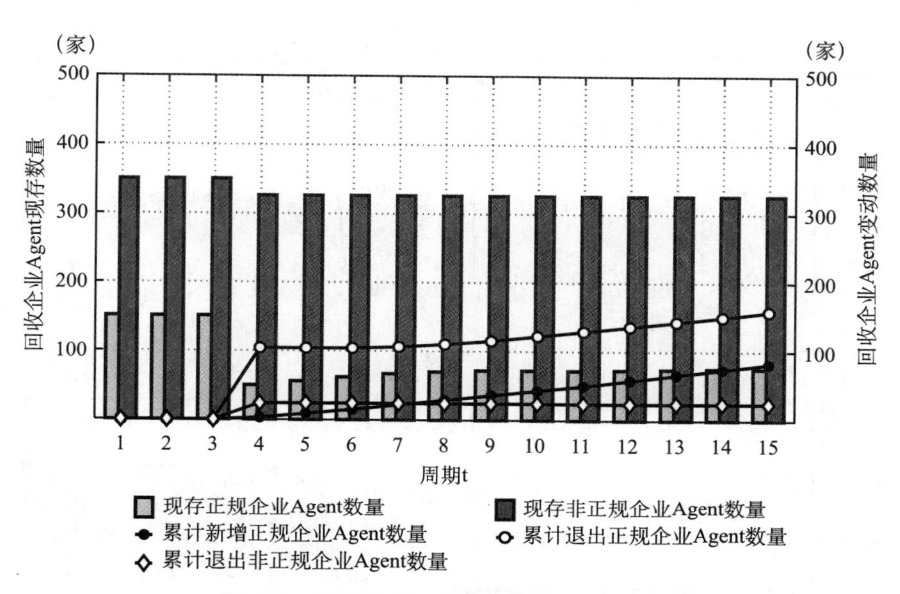

图6.8 无政策干预情景下回收企业的数量

挖掘动力电池的价值，而正规回收企业除了工艺流程细致以外还具有一定的规模经济优势。在环境效益方面，由于流入到非正规回收渠道的动力电池量较多，其所带来的环境污染也较高，约为流入正规回收渠道所带来的正向环境效益的107.31倍。这也使得整个环境方面在总福利中的净贡献为负值，如图6.9（d）中的浅灰所示。另外，虽然在t1期由于居民Agent处于观望状态没有作出回收决策，导致各回收企业Agent的净利润为负值、居民Agent的消费者剩余为0，但是在t2期至t15期，经济方面对于总福利的净贡献都处于绝对的主导地位，如图6.9中的深灰所示。

6.5.2 宣传教育政策

本书假定在无政策干预的情景下，分别于t1期、t6期和t11期开始，持续引入执行力度最强的宣传教育政策至t15期，即$\omega^{resid}=0$、$\omega^{targe}=0$和$EL=5$。如图6.10所示，该政策的介入时间越早，作用效果就越为显著。具体来说，在t6期和t11期开始引入宣传教育政策的情形下，居民Agent对于回收渠道的选择演变情况近似一致。另外，后者与无政策干预情景下选择正规回收渠道的居民Agent占比完全相同。在t1期开始引入宣传教育政策的情形下，选

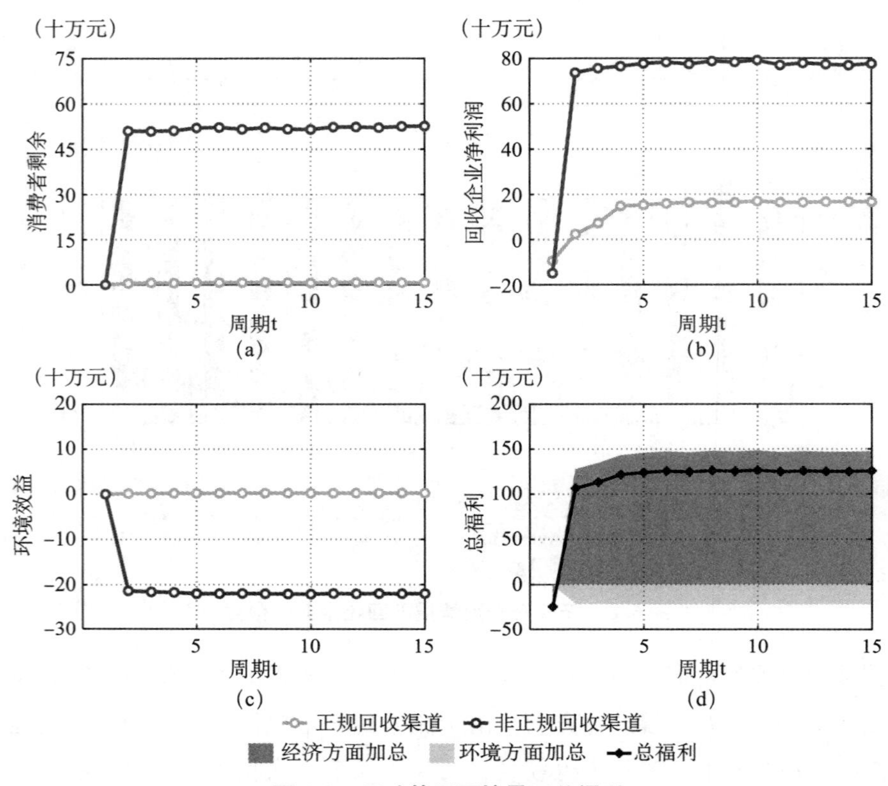

图 6.9　无政策干预情景下总福利

择正规回收渠道的居民 Agent 占比呈现较为明显的升高态势，由 t2 期的 2.57%最终达到了 t15 期的 9.93%，平均每期的增长率为 10.95%，比无政策干预情景下的自然增长率提高了 20.60%。这主要是因为宣传教育政策促进了居民由 K1、K2 向 K3 类别的转化。如第 5.5.5 节中的研究结果所示，K3 类别的居民在回收过程中倾向于坚持自己的价值判断，受回收价格的影响相对较小，因此选择正规回收渠道的意向更为强烈。

为了充分反映政策间的差异，本书以自 t1 期开始引入宣传教育政策为例进行后续分析。如图 6.11 所示，非正规回收企业 Agent 的现存数量在 t4 期由初始的 350 家下降为 324 家并保持至 t15 期。正规回收企业 Agent 的现存数量在 t4 期由初始的 151 家下降为 56 家，并经过一系列新增、退出过程在 t15 期达到 89 家，占市场上全部回收企业数量的 21.55%，比无政策干预情景下的比例提高了 16.48%。

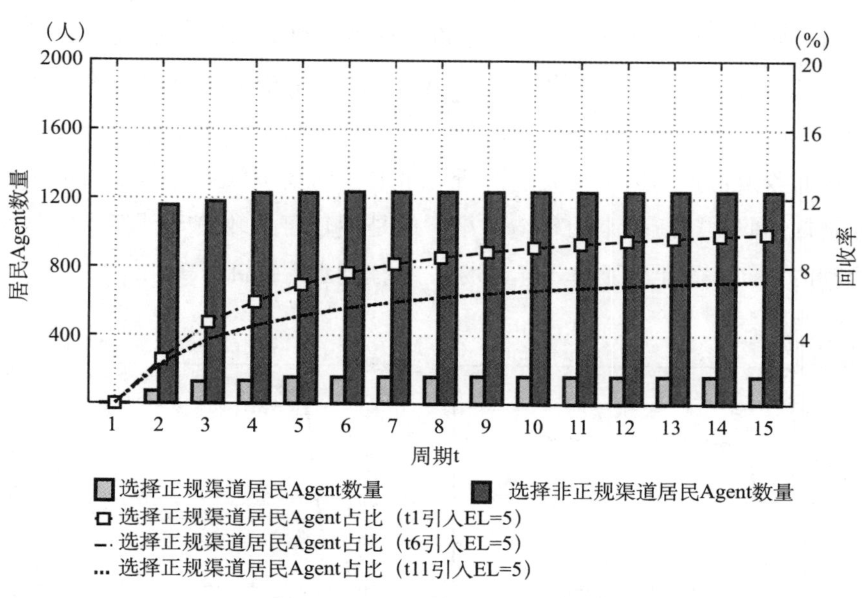

图 6.10　宣传教育政策情景下居民的回收渠道决策

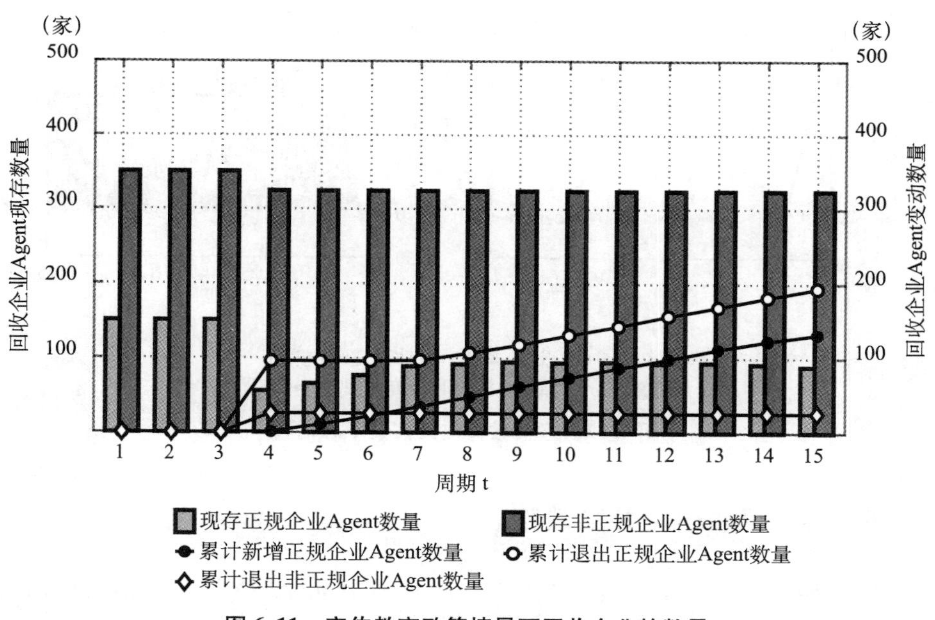

图 6.11　宣传教育政策情景下回收企业的数量

鉴于本书未考虑宣传教育的政策成本，因此与无政策干预情景一样，此处的总福利只涵盖了经济和环境两个维度。如图 6.12 所示，在消费者剩余方面，由于居民 Agent 选择正规回收渠道意向的增强，该部分居民占到了全部消费者剩余的 1.88%，正规回收企业 Agent 占到了全部企业利润的 23.09%，相较于无政策干预下的比例分别提高了 45.23% 和 34.29%。在环境方面，通过正规回收渠道处理退役动力电池所带来的正向环境效益依然难以抵消其流入非正规回收渠道所带来的环境污染，但是相较于无政策干预情景，其对于总福利的负向净贡献值下降了 4.46%，总福利水平提高了 1.42%。

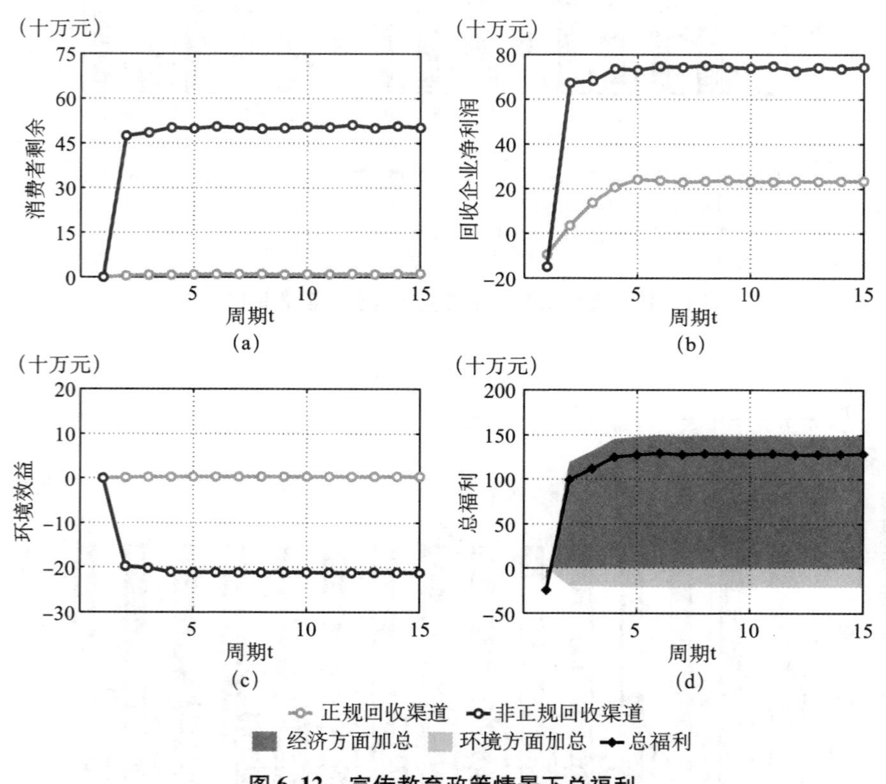

图 6.12　宣传教育政策情景下总福利

6.5.3　回收价格补贴政策

本书假定在无政策干预的情景下，从 t1 期开始至 t15 期，分别向选择正规回收企业的居民提供 $S^{resid}=40$、$S^{resid}=80$ 和 $S^{resid}=120$ 的回收价格补贴。如图 6.13 所示，针对回收价格的补贴额度越高，作用效果就越为显著。以 $S^{resid}=80$ 为例，选择正规回收渠道的居民 Agent 占比由 t2 期的 3.79% 最终达到了 t15 期的 23.53%，平均每期的增长率为 15.09%，比无政策干预情景下的自然增长率提高了 66.19%。如图 6.14 所示，正规回收企业 Agent 的现存数量由 151 家在 t15 期增至 168 家，占市场上全部回收企业数量的 35.52%，比无政策干预情景下的比例提高了 89.90%。

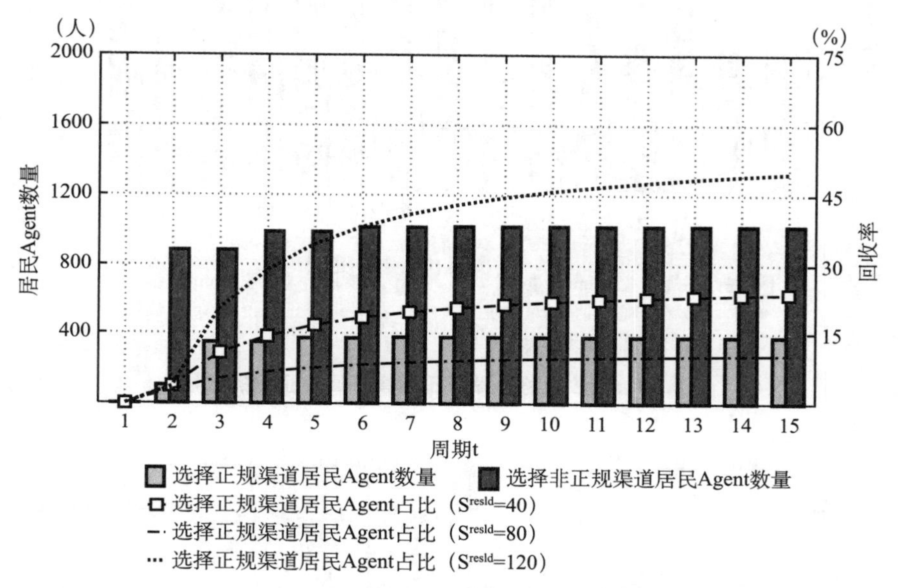

图 6.13　回收价格补贴政策情景下居民的回收渠道决策

在经济和环境的基础上，此处将引入社会维度对于总福利进行评价。如图 6.15 所示，由于市场上最低回收价格水平的提高，选择非正规回收渠道的居民 Agent 的消费者剩余大幅减少，占到了全部消费者剩余的 68.48%，相较于无政策干预下的比例降低了 30.62%。另外，非正规回收企业 Agent 占到了全部企业利润的 52.78%，相较于无政策干预下的比例降低了 36.26%。与此同时，尽管环境方面对于总福利的负向净贡献值下降了 24.25%，仍然难以抵消经济方面所带来的正向净贡献值的减少及社会方面所带来的负向净贡献值的增加。总体而言，相较于无政策干预情景，该政策情景下的总福利水平下降了 18.23%。

6.5.4　回收目标责任政策

假定在无政策干预的情景下，于 t1 期、t6 期和 t11 期开始，引入 Q^{targe} = 50、S^{targe} = 80 的回收目标责任政策至 t15 期。如图 6.16 所示，该政策介入时

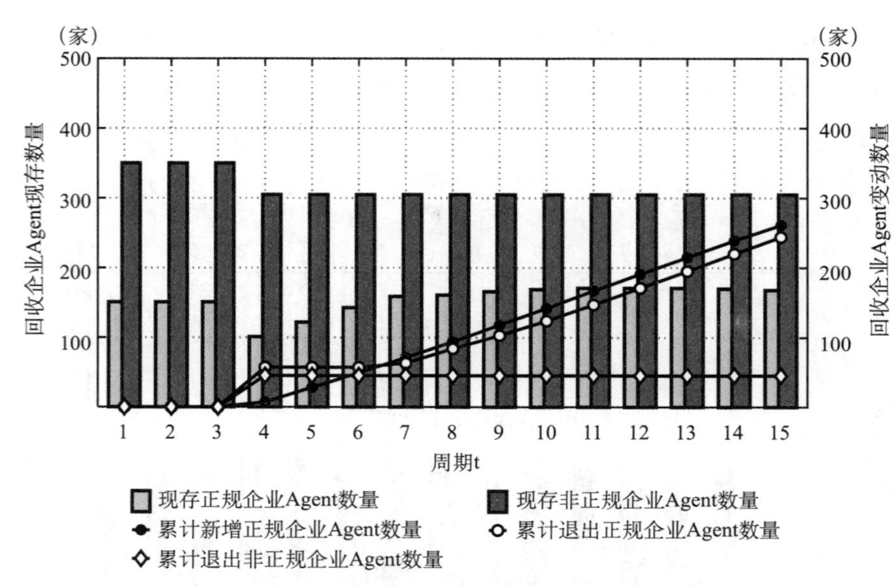

图 6.14　回收价格补贴政策情景下回收企业的数量

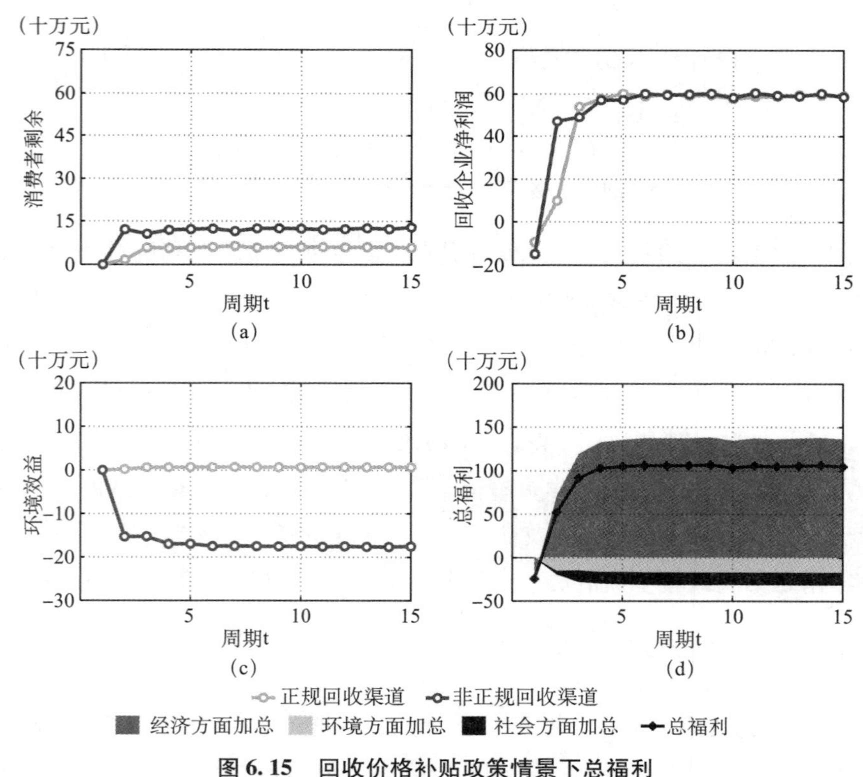

图 6.15　回收价格补贴政策情景下总福利

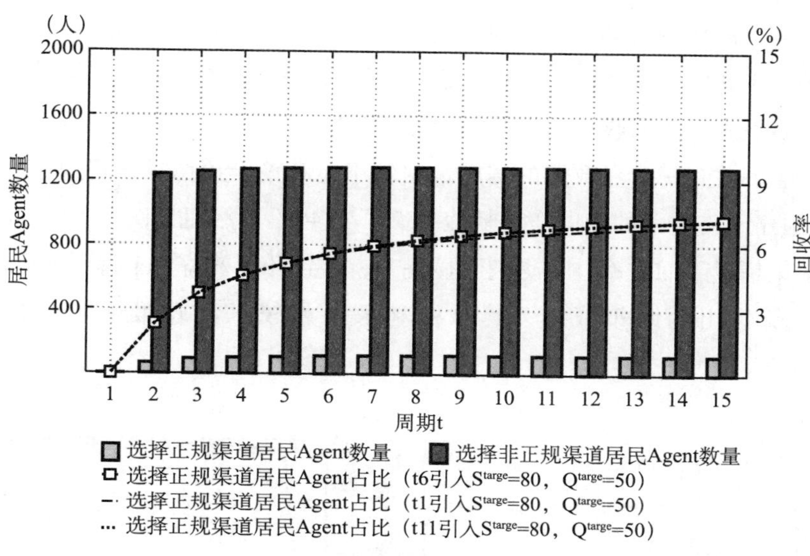

图 6.16 回收目标责任政策情景下居民的回收渠道决策

间过早，反而会对于回收率起到反向的抑制作用。在上述情形下，选择正规回收渠道的居民 Agent 占比由 t2 期的 2.57% 在 t15 期分别达到了 6.92%、7.19% 和 7.19%。以 t6 期引入为例分析，如图 6.17 所示，正规回收企业 Agent 的现存数量在 t15 期为 76 家，占市场上全部回收企业的 18.91%，比无政策

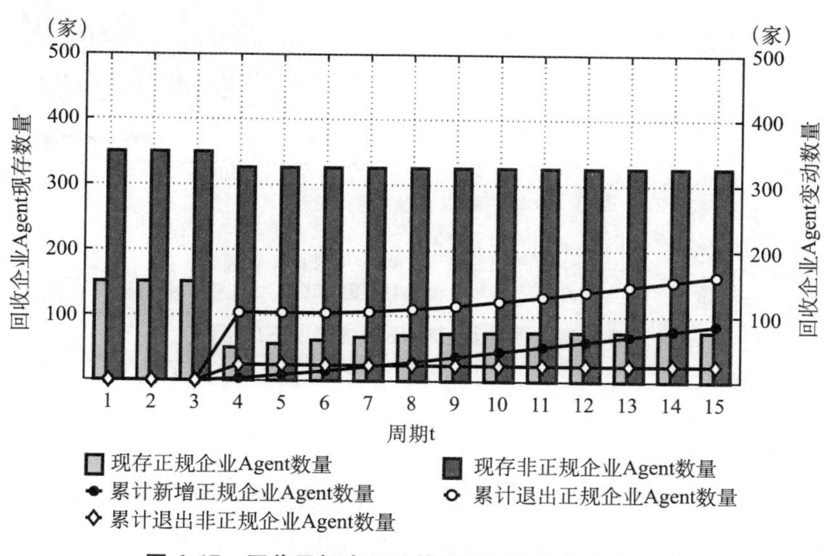

图 6.17 回收目标责任政策情景下回收企业的数量

干预情景下的比例提高了1.08%。通过与图6.13对比可知，尽管此处针对企业的单位达标补贴额度与回收价格补贴政策中针对居民的单位补贴额度相同，但是后者对于回收率的提升作用更为明显。

随着回收目标责任政策的实施，相较于无政策干预情景，正规回收企业Agent对于经济方面的正向净贡献值提高了4.46%。然而如图6.18所示，由于该政策情景下回收率并未得到明显提升，导致环境效益并未得到显著改善，再加之所付出的政策成本，其总福利水平相较于无政策干预情景降低了3.33%。

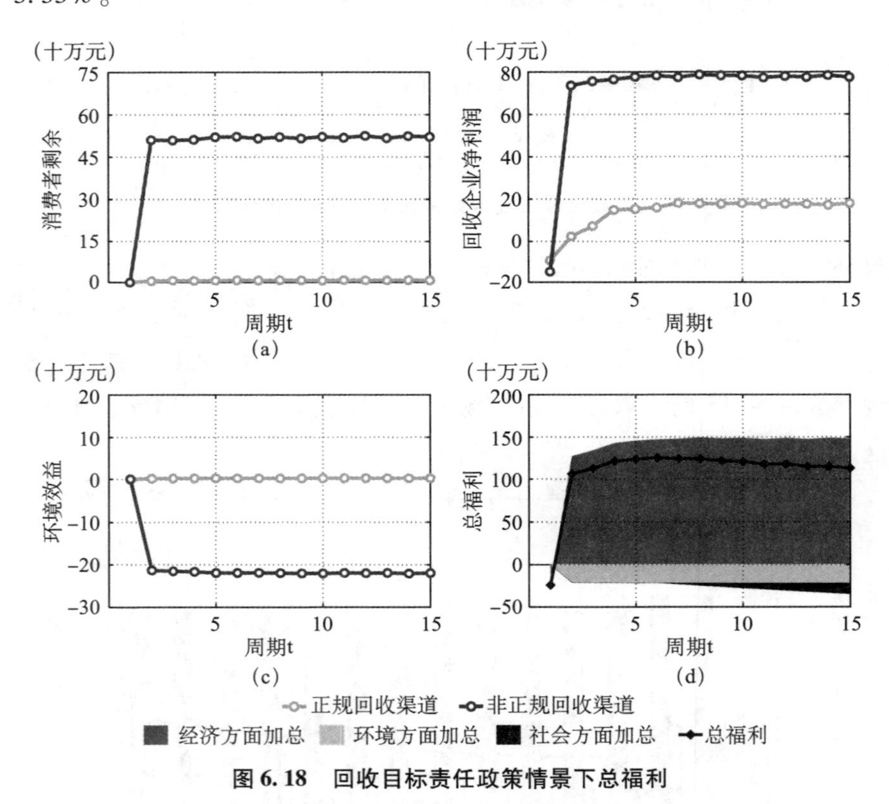

图6.18　回收目标责任政策情景下总福利

6.5.5　政策组合

本书假定在无政策干预的情景下，将第5.5.2节、第5.5.3节和第5.5.4节所提出的政策进行组合，即于t1期开始引入执行力度最强的宣传教育政策EL = t5至t15期，于t1期开始向选择正规回收企业的居民提供S^{resid} = 80的回收价格补贴至 t15 期，同时于 t6 期开始面向正规回收企业引入 $Q^{targe}=50$ 和 $S^{targe}=80$ 回收目标责任政策至 t15 期。如图 6. 19 所示，选择正规回收渠道的居民 Agent 占比由 t2 期的 3. 79% 最终达到了 t15 期的 34. 56%，平均每期的增长率为 18. 54%，比无政策干预情景下的自然增长率提高了 104. 22%。由此可见，上述政策组合对于回收率的促进作用大于任意单一政策的实施效果。将完全不引入回收目标责任政策的政策组合作为另一参照标准，其回收率相较于实施回收目标责任政策情景下降了 0. 07%。如图 6. 20 所示，回收目标责任政策情景下正规回收企业 Agent 的现存数量由 151 家在 t15 期增至 270 家，比无回收目标责任情景下的数量多 50 家，占市场上全部回收企业数量的 48. 38%，比无政策干预情景下的比例提高了 61. 35%。

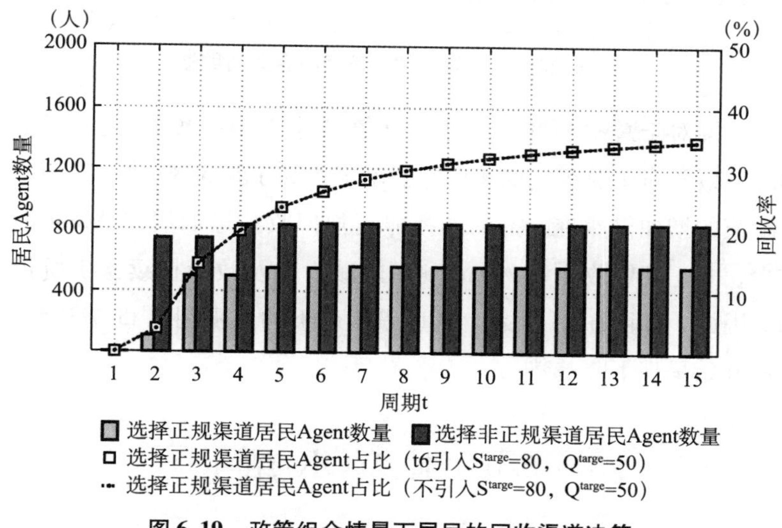

图 6. 19　政策组合情景下居民的回收渠道决策

在消费者剩余方面，同单独实施回收价格补贴政策时的情景一样，选择正规回收渠道的居民 Agent 的消费者剩余大幅增加，占到了全部消费者剩余的 45. 15%，相较于无政策干预下的比例提高了 192. 15%，对于总福利的正向净贡献值相应提高了约 10. 99 倍。在企业利润方面，回收目标责任政策的实施使得正规回收企业 Agent 在整个企业利润的占比达到了 66. 34%，相较于无政策干预情景，这一比例提高了 329. 61%，对于总福利的正向净贡献值相应提高了约 5. 36 倍。在环境方面，由于回收率的提高，流入到非正规回收渠

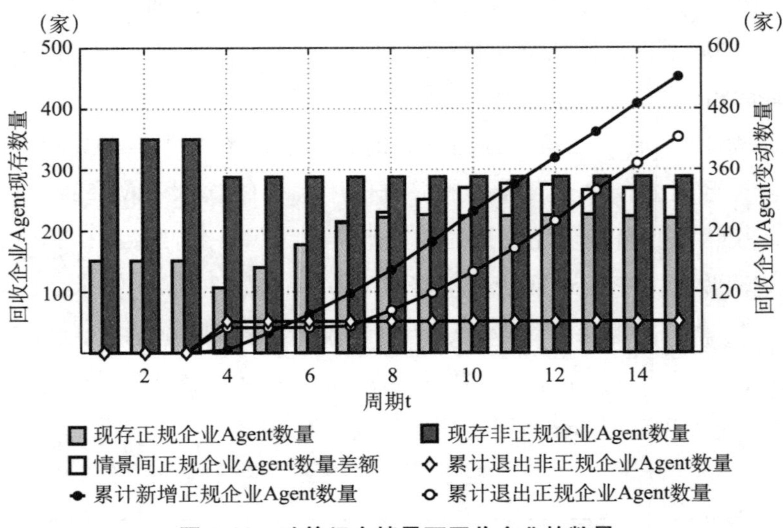

图 6.20　政策组合情景下回收企业的数量

道的环境污染对于总福利的负向净贡献值降低了 35.50%，流入到正规回收渠道的环境效益对于总福利的正向净贡献值提高了约 3.80 倍。然而，上述正向净贡献值的增加仍然难以抵消选择非正规回收渠道的居民 Agent 消费者剩余的减少、非正规回收企业 Agent 利润的减少以及政策持续支出所带来的负面影响。因此，如图 6.21 所示，该政策组合下的总福利在 t5 期达到最大值，并在之后开始呈现下降趋势。

6.6　本 章 小 结

当前我国的退役动力电池回收率仍有较大提升空间，应进一步丰富相关回收政策设计以充分促进回收市场发展。本书以复杂适应系统理论为指导，基于回收市场上主要参与者之间废物流、资金流、信息流的流向关系，构建了动力电池回收系统多主体行为决策模型。本书以北京市为案例，从经济（消费者剩余和企业利润）、环境（环境效益和环境负担）和社会（政策执行成本）三个方面出发，以总福利为评价指标，量化并比较了针对居民用户的回收价格补贴政策和宣传教育政策、针对正规回收企业的回收目标责任政策的实施效果。

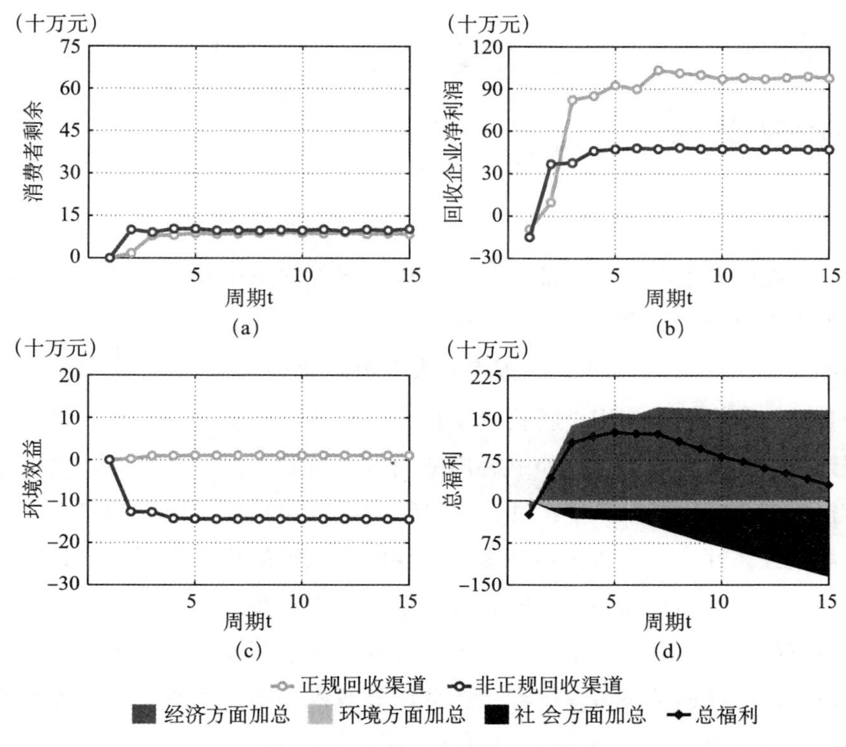

图 6.21　政策组合情景下总福利

基于本章的研究结果得出以下结论：一是相比于无政策干预情景，宣传教育政策和居民回收价格补贴政策下的动力电池回收率分别提高了 20.60% 和 66.19%，回收目标责任政策下的正规回收企业数量占比提高了 1.08%；二是在相同的回收企业单位达标补贴额度与居民回收价格单位补贴额度下，后者对于回收率的提升效果更为显著；三是相比于无政策干预情景，上述政策组合下的动力电池回收率提高了 104.22%，大于任意单一政策的实施效果；四是选择正规回收渠道居民的消费者剩余、正规回收企业的利润、环境效益和减少的环境污染是提高总福利的驱动因素，而选择非正规回收渠道居民的消费者剩余、非正规回收企业的利润和政策支出是降低总福利的驱动因素。

第7章 结论与展望

随着新能源汽车的大量推广，作为核心部件的车用动力电池迎来了前所未有的高速发展期。由于使用过程中电池容量和充放电效率下降等问题，其平均使用寿命约为5~8年，中国将迎来大规模动力电池集中报废退役的时间点。当前，我国回收利用市场仍处于初步发展阶段，亟须完善动力电池回收利用体系的构建，主要存在如下突出的问题有待解决：一是退役动力电池的分布格局具有突出区域不平衡性；二是动力电池梯次利用商业模式有待创新以提高其经济性；三是居民用户参与正规回收渠道的积极性不高导致动力电池回收率较低；四是动力电池回收政策较为单一有待进一步丰富。在此背景下，本书的第3章、第4章、第5章和第6章分别开发了相关模型工具，旨在为政府部门的相关决策提供参考，从而有效推动中国退役动力电池回收利用产业的健康发展。

7.1 主要结论

（1）本书的第3章本书综合考虑经济、社会和技术的异质性发展特点，应用Gompertz模型和Weibull分布模型，自下向上地预测各城市中长期的新能源乘用车销量，揭示退役动力电池的时空分布规律。研究发现：一是新能源乘用车销量在2022~2050年呈上升趋势，2030年和2050年的销量预计分别为1195万~1688万辆、2209万~2731万辆，累计销量集中在人口数量较多的非直辖市地区，广东、山东、河南、河北和浙江的占比分别为13.54%、9.18%、8.63%、8.18%和7.62%。二是退役动力电池规模在2022~2050年快速增长，2030年和2050年的退役量预计分别为66万~90万吨、417万~882万吨，年均增长率为18%，累计退役量集中在人口数量较多的非直辖市地区，广东、山东、河南、浙江和河北的占比分别为14.60%、9.12%、

8.86%、8.41%和8.09%。

（2）本书的第4章针对公共充电站项目提出一种传统的和三种混合的商业模式，分别为S1－集成充电桩，S2－集成充电桩和光伏系统，S3－集成充电桩、光伏和全新储能系统，S4－集成充电桩、光伏和梯次利用储能系统，在考虑多个代表性情景中光伏系统发电量和目前电力市场价格动态变化的基础上，采用Benders分解算法对于各设施配置规模和充放电策略进行了优化求解。研究发现：一是混合商业模式有助于提高充电站的投资可行性和充电桩的安装数量。与S1相比，S2至S4的投资回报率分别增加了1.74%、4.58%和5.39%，S3至S4的充电桩安装量分别增加了7.69和17.06%。二是在车队规模为10～80辆的前提下，单位容量电池的梯次利用经济价值为78.34～628.29元/千瓦时。三是光伏和储能系统的集成使慢充桩承担更多的V2G活动，而快充桩起到辅助补充作用。与S1相比，S2至S4中慢充桩的V2G模式采用比例分别提高了7.72%、52.36%和52.38%，快充桩的使用率分别提高了1.88%、2.12和2.82%。

（3）本书的第5章构建了居民用户退役动力电池回收活动参与意愿的理论模型，从居民视角出发设计了相关问卷量表对其回收行为开展调查，共获得有效样本1083份，并运用结构方程模型识别驱动因素、量化影响路径、探讨形成机理，深入分析了回收认知状况和回收态度偏好的差异性作用。研究发现：一是经济回报、主观规范、感知行为控制和自我认同对居民的退役动力电池回收决策均有显著的正向影响，其中感知行为控制的影响程度最高，主观规范的影响程度最小。二是回收态度积极、认知水平较高的居民倾向于坚持自己的价值判断，对于经济激励这种外部诱因的依赖性相对较小。三是回收态度积极、认知水平有待加强的居民和回收态度不够积极、认知水平有待加强的居民这两类群体对于移交行为的难易程度判断比较模糊，均需要配套设施等辅助信息作为决策依据，也都比较关注回收价格水平。

（4）本书的第6章构建了动力电池回收系统多主体行为决策模型，并以北京市为案例，从经济（消费者剩余和企业利润）、环境（环境效益和环境负担）和社会（政策执行成本）三个方面出发，以总福利为评价指标，量化并比较了针对居民的回收价格补贴和宣传教育、针对正规回收企业的回收目标责任等政策的实施效果。研究发现：一是相比于无政策干预情景，宣传教育政策和居民用户回收价格补贴政策下的动力电池回收率分别提高了20.60%和66.19%，回收目标责任政策下的正规回收企业数量占比提高了1.08%。二是在相同的回收企业单位达标补贴额度与居民用户回收价格单位补贴额度下，后者对于回收率的提升效果更为显著。三是相比于无政策干预情景，上述政策组合下的动力电池回收率提高了104.22%，大于任意单一政策的实施效果。四是选择正规回收渠道居民的消费者剩余、正规回收企业的利润、环境效益和减少的环境污染是提高总福利的驱动因素，而选择非正规回收渠道居民的消费者剩余、非正规回收企业的利润和政策支出是降低总福利的驱动因素。

7.2 政策建议

（1）基于第4章的研究结果，针对动力电池梯次利用盈利性不高这一突出问题，提出以下建议。

第一，充电桩已正式纳入我国七大“新基建”领域之一，建议将光储充充电站作为发展动力电池梯次利用产业的可行场景选择，既能有效延长电池的使用寿命，也可提升梯次利用的经济价值，又能促进充电基础设施市场的规模扩张。

第二，公共充电站所服务的车队规模和充电需求对其投资回报率有重要的影响，尽管新能源汽车的发展势头迅猛，但其保有量仅占到整个汽车市场的约2%，政府在后补贴时代仍应积极促进其市场扩散，破除“鸡生蛋、蛋生鸡”的困境。

第三，鉴于V2G模式的采用的是混合商业模式中重要的收入贡献来源，政府应鼓励激励性辅助服务电价机制的设计，以进一步提高充电站项目的盈利能力和梯次利用电池储能系统的经济价值。

（2）基于第5章的研究结果，针对居民用户参与正规回收渠道的积极性不高这一问题，提出以下建议。

第一，鉴于感知行为控制对于居民回收决策的影响程度最大，汽车生产企业应加强与 4S 店、第三方专业回收企业等之间的合作，发挥现有售后渠道优势，扩大网点覆盖范围，提升移交便利性，及时公布并更新本地区的网点位置信息及联系方式，降低居民主观上所感受到的参与阻力。

第二，鉴于经济回报在影响程度上排名第二，一方面需要制定合理的激励措施，如给予补贴、以旧换新等，增强正规回收企业在回收价格上的竞争优势，另一方面需要严格落实回收利用环节的各项环保规定，严厉打击私自拆卸、拆解动力电池等违法行为，促使回收价格回归合理水平。

第三，鉴于我国居民当前的回收认知水平还有待提高，政府应做好相关政策文件的解读工作，充分发挥互联网等新闻媒体的作用，营造良好社会舆论氛围，促进更多的居民群体转化为回收态度积极、认知水平较高的类别，降低其对于经济补偿等外部诱因的依赖性，从内部提升其移交退役动力电池的自觉性。

（3）基于第 6 章的研究结果，针对当前动力电池回收政策体系有待创新这一问题，提出以下建议。

第一，尽管在无政策干预的情景下，动力电池回收率也能自然呈现出升高态势，但该增长率较为缓慢，不仅会导致过量动力电池流入到非正规回收渠道引发环境污染，还会严重影响正规回收企业的经营情况，制约其回收业务的持续开展，因此政府应积极规范回收市场的有序发展。

第二，鉴于在动力电池回收市场发展初期，正规回收企业的数量较少、居民的回收认知水平还有待提高，政府一方面需要加大宣传非正规回收可能造成的危害、普及正规回收途径能带来的好处，另一方面也应以回收价格补贴政策、回收目标责任政策等财政手段支持回收市场的启动。

第三，鉴于宣传教育政策的执行成本较低，回收价格补贴政策有利于从居民用户侧降低非正规回收渠道回收价格的吸引力、回收目标责任政策有利于促进正规回收企业规模的形成，政府应充分利用政策组合所带来的优势。

第四，随着动力电池回收市场的完善，政府应根据当前的发展现状和首要任务，对于补贴额度、达标额度和达标目标进行动态的调整，既要防止产业盲目扩张、政府财政负担过重，也要避免影响回收主体的参与积极性、阻碍社会总福利发展。

7.3 研究展望

本研究可以基于更细致、全面的数据在以下几个方面进一步拓展。

（1）在退役动力电池时空分布格局研究中，本书聚焦不同发展情景下新能源乘用车的未来销量。电动化进程在客车、货车、物流车、环卫车等商用车和专用车领域也在深入推进，加之其平均单车的动力电池装载量相较于乘用车更大，在今后可以被纳入到研究对象，进一步增强研究结果的代表性和覆盖范围。

（2）在光储充型充电站模式下动力电池梯次利用经济价值测度中，本研究所使用的是小时频率数据。虽然该种频率数据的使用已被广泛接受，如果有相关30分钟甚至15分钟的更高频率数据时，可以对现有研究结果做出进一步完善。因为在现实情况中，可能不需要一个或几个完整的小时时段就可以完成充电过程，特别是在充电桩的额定输出功率较高的情况下。

（3）在基于居民用户有限理性的动力电池回收意愿影响因素及其机理分析中，本研究以全国的居民为调研对象，着重比较了其回收认知状况和回收态度偏好的差异性作用。在今后的研究中，可以进一步扩大调研数据的覆盖范围、提高调研数据的分布均匀性、增强调研数据的代表性，探讨不同地区居民动力电池回收行为的差异，从而为实施更具针对性的区域性回收政策提供科学依据。另外，回收企业的投资意愿问题也将是今后研究的拓展方向之一。

（4）在基于多主体行为决策模型的动力电池回收政策模拟中，本研究所使用的再生利用环节的金属材料节约成本数据和二氧化碳减排数据是基于当前湿法冶金技术的平均情况。随着处理工艺的提升和相关研究成果的丰富，可以对所使用数据进行更新，如将硫氧化物排放纳入环境效益等，以提高研究结果的实时性和准确性，从而更为综合地衡量各回收政策实施所带来的潜在影响。

附录 A
电动汽车废旧动力电池居民回收行为调查

尊敬的先生/女士：

您好！随着电动汽车的持续推广，大规模的车用动力电池将迎来报废退役的时间点。因科研需要，我们想就其回收问题对您进行调查访问。非常感谢您在百忙之中抽出时间来填写本问卷，预计回答总时长为 5～10 分钟，请您仔细阅读并根据真实感受和实际情况作答，您的相关信息将会被严格保密。

再次对您的支持和配合予以诚挚的谢意！

第一部分　基本信息

（1）您的性别？［单选题］*

□男　　□女

（2）您的年龄？［单选题］*

□18 岁以下　　□18～29 岁

□30～39 岁　　□40～49 岁

□50～59 岁　　□60 岁及以上

（3）您的受教育程度？［单选题］*

□初中及以下　　□高中或中专

□本科或大专　　□研究生及以上

（4）您从事的职业？［单选题］*

□企事业单位职员　　□个体经营户

□自由职业者　　□全日制学生

□离退休人员　　□其他________*

（5）您每月的可支配收入？［单选题］*

□3000 元以下　　□3000～5000 元

□5000 ~ 10000 元　　□1 万 ~ 2 万元

□2 万元以上

(6) 您常住的省份及城市？[填空题]*

____

(7) 您或您的家庭是否拥有电动汽车？[单选题]*

□是　　□否

(8) 您未来是否有购买电动汽车的计划？[单选题]*

□是　　□否

(9) 您是否有回收废旧动力电池的经历？[单选题]*

□是（请跳至第 10 题）　　□否（请跳至第 11 题）

(10) 您当时是怎样处理废旧动力电池的？[单选题]*

□联系普通废品收购站　　□联系流动商贩

□联系 4S 店　　□联系汽车修理厂

□联系生产企业　　□联系第三方专业回收企业

□其他________*

第二部分　回收认知状况调查

(11) 动力电池在使用过程中存在着充放电率下降、容量衰减等问题，其使用寿命一般为？[单选题]*

□1 ~ 4 年　　□5 ~ 8 年

□9 ~ 12 年　　□13 ~ 15 年

(12) 动力电池属于？[单选题]*

□可回收垃圾　　□有害垃圾

□其他垃圾（干垃圾）　　□厨余垃圾（湿垃圾）

(13) 下列哪些企业主体拥有回收废旧动力电池的资质？[多选题]*

□汽车生产企业　　□汽车修理厂

□4S 店　　□流动商贩

□普通废品收购站　　□第三方专业回收企业

(14) 动力电池的回收处理环节通常包括？[单选题]*

□作为储能设备继续应用于太阳能路灯、通信基站

□提取其所含有的金属材料并应用于新电池的再生产
□以上两者皆是
□土地掩埋
（15）动力电池处理不当的危害包括？[单选题]*
□触电、燃爆等安全隐患　　□重金属、电解液等环境污染
□锂、钴及稀土金属等资源浪费　□以上三者皆是
□以上皆不是

第三部分　回收行为影响因素调查

（16）动力电池约占电动汽车成本的50%，其回收渠道如图左右所示可分为两类。

①正规服务网点：回收方式较精细，每车整套电池的回收价格约5500元，企业名单在工信部可查。

②其他服务网点：回收方式较粗放，每车整套电池的回收价格约7500元。

对于下列回收价格的表述，您是否同意？[矩阵单选题]*

	非常不同意	不同意	中立	同意	非常同意
①我认为参与废旧动力电池回收应当获得一定的经济回报	□	□	□	□	□
②在回收动力电池时我担心没有经济补偿或者补偿过少	□	□	□	□	□
③当下正规回收渠道的回收价格达到了我的预期水平	□	□	□	□	□
④回收价格水平的高低是我选择回收渠道的重要参考因素	□	□	□	□	□
⑤政府对回收价格进行补贴能促进更多的居民选择正规回收网点	□	□	□	□	□

(17) 对于下列态度陈述，您是否同意？[矩阵单选题]*

	非常不同意	不同意	中立	同意	非常同意
①保护环境不仅仅是政府和企业的责任，每个人都应做出力所能及的贡献	□	□	□	□	□
②妥善处理废旧动力电池有利于节约资源、防范污染	□	□	□	□	□
③消费者有责任尽量减少废旧动力电池对于生态环境可能带来的破坏	□	□	□	□	□
④回收企业的后续处置方式是否环保会影响我对于它们的选择	□	□	□	□	□
⑤推动废旧动力电池规范化回收处理会让生活变得更加美好	□	□	□	□	□

(18) 对于下列观点陈述，您是否同意？[矩阵单选题]*

	非常不同意	不同意	中立	同意	非常同意
①对我来说重要的人（如家人、朋友）会赞成我选择正规回收渠道	□	□	□	□	□
②社会舆论提倡我将废旧动力电池交付给正规回收网点	□	□	□	□	□
③如果很多亲戚朋友都选择正规回收渠道，我内心也会产生这种倾向	□	□	□	□	□
④如果周围的人只有我没有选择正规回收渠道，我会感到内疚/格格不入/被孤立	□	□	□	□	□
⑤我觉得选择正规回收渠道是符合社会发展潮流的，是大势所趋的	□	□	□	□	□

（19）对于下列感知行为表述，您是否同意？[矩阵单选题]*

	非常不同意	不同意	中立	同意	非常同意
①我不愿意花费过多的时间和精力将废旧动力电池送至回收点	□	□	□	□	□
②我有能力使用互联网等媒体资源来获取相关回收网点的位置和信息	□	□	□	□	□
③如果某个回收网点与我之间的距离比较近，我会考虑将该处作为移交点	□	□	□	□	□
④完善的网点布局和设施配备有利于促进人们选择正规回收渠道	□	□	□	□	□
⑤我认为参与动力电池回收一点都不麻烦，我可以很容易地完成	□	□	□	□	□

（20）对于下列自我意识表述，您是否同意？[矩阵单选题]*

	非常不同意	不同意	中立	同意	非常同意
①我可以自主决定如何处理废旧动力电池	□	□	□	□	□
②选择正规回收渠道是符合我的道德准则的	□	□	□	□	□
③选择正规回收渠道与我的生活方式和理念相符	□	□	□	□	□
④选择正规回收渠道会让我感到很开心	□	□	□	□	□
⑤面对意见分歧时，我不愿意妥协	□	□	□	□	□

（21）对于下列决策陈述，您是否同意？[矩阵单选题]*

	非常不同意	不同意	中立	同意	非常同意
①如果有待回收的废旧动力电池，我会优先选择正规回收网点	□	□	□	□	□
②我愿意花费时间、精力将废旧动力电池送到正规回收网点	□	□	□	□	□
③我愿意了解更多正规回收网点的后续操作处理流程	□	□	□	□	□
④我愿意将正规回收网点的位置、信息告诉我的亲戚朋友	□	□	□	□	□
⑤我会鼓励亲戚朋友选择正规回收网点	□	□	□	□	□

附录B

北京市动力电池回收服务网点信息

序号	汽车生产企业	网点所在地	网点名称	经度	纬度
1	威马汽车制造温州有限公司	昌平区	北京龙和智行汽车销售服务有限公司	116.412	40.092
2	上汽大众汽车有限公司	昌平区	北京中汽华世田汽车贸易有限公司青泉分公司	116.369	40.100
3	浙江吉利汽车有限公司	昌平区	北京合宏进汽车销售服务有限公司	116.410	40.087
4	广汽三菱汽车有限公司	昌平区	北京汇崴汽车销售服务有限公司	116.410	40.095
5	威马汽车制造温州有限公司	昌平区	北京首创实利贸易有限公司	116.225	40.219
6	广汽丰田汽车有限公司	昌平区	北京国机丰盛汽车有限公司	116.304	40.076
7	上汽大众汽车有限公司	昌平区	北京永安汽车服务有限公司	116.202	40.209
8	北汽福田汽车股份有限公司	昌平区	北京路顺达诚汽车修理有限公司	116.205	40.199
9	中国第一汽车集团有限公司	昌平区	北京市汽车解体厂有限公司	116.138	40.233
10	成都大运汽车集团有限公司	昌平区	北京大洼生云汽车修理厂	116.399	40.175
11	重庆理想汽车有限公司	朝阳区	理想智造汽车销售服务（北京）有限公司朝阳分公司	116.602	39.995

续表

序号	汽车生产企业	网点所在地	网点名称	经度	纬度
12	重庆长安汽车股份有限公司	朝阳区	北京庆长风商贸有限公司	116.466	39.836
13	上汽通用汽车有限公司	朝阳区	北京市勤和汽车销售有限公司	116.471	39.899
14	上汽大通汽车有限公司	朝阳区	北京金利泰合汽车销售服务有限公司	116.542	39.924
15	广汽乘用车（杭州）有限公司	朝阳区	北京凯瑞翔通汽车销售服务有限公司	116.541	39.927
16	广汽丰田汽车有限公司	朝阳区	北京奥吉通丰瑞汽车销售有限公司	116.552	39.924
17	浙江豪情汽车制造有限公司	朝阳区	北京中诚海华汽车销售有限责任公司	116.533	39.913
18	海马汽车有限公司	朝阳区	北京小鹏汽车有限公司	116.440	39.836
19	广汽乘用车（杭州）有限公司	朝阳区	北京捷德汽车维修服务有限公司	116.440	39.842
20	上海蔚来汽车有限公司	朝阳区	德师傅（北京）汽车销售服务有限公司	116.504	40.010
21	广汽本田汽车有限公司	朝阳区	北京日银汽车贸易有限公司	116.354	40.016
22	广汽丰田汽车有限公司	朝阳区	北京路丰汇通汽车销售服务有限公司	116.523	39.888
23	上汽大众汽车有限公司	朝阳区	北京京申宝汽车销售服务有限公司	116.596	39.901
24	大庆沃尔沃汽车制造有限公司	朝阳区	北京祥龙博瑞汽车服务（集团）有限公司一分公司	116.359	40.011
25	长城汽车股份有限公司	朝阳区	北京泊士联汽车销售中心	116.544	39.859
26	上海蔚来汽车有限公司	朝阳区	北京惠通陆华汽车服务有限公司	116.486	39.905

续表

序号	汽车生产企业	网点所在地	网点名称	经度	纬度
27	前途汽车（苏州）有限公司	朝阳区	北京申宇腾辉汽车贸易有限公司	116.556	40.017
28	保时捷（中国）汽车销售有限公司	朝阳区	保时捷（北京）汽车服务有限公司	116.557	40.016
29	威马汽车制造温州有限公司	朝阳区	北京达世行通合汽车维修服务有限公司	116.561	40.016
30	上海蔚来汽车有限公司	朝阳区	北京市盛德宝之星汽车服务有限公司	116.576	40.005
31	天津一汽丰田汽车有限公司	朝阳区	北京五方桥丰田汽车销售服务有限公司	116.542	39.867
32	上汽大众汽车有限公司	朝阳区	北京国服信汽车贸易有限公司	116.412	40.020
33	广汽乘用车（杭州）有限公司	朝阳区	北京方正利成汽车销售服务有限公司	116.443	40.021
34	天津一汽丰田汽车有限公司	朝阳区	北京北苑丰田汽车销售服务有限公司	116.431	40.022
35	威马汽车制造温州有限公司	朝阳区	北京达世行北苑汽车销售服务有限公司	116.426	40.022
36	福建省汽车工业集团云度新能源汽车有限公司	朝阳区	北京天利翔源汽车销售服务有限公司	116.435	40.024
37	一汽－大众汽车有限公司	朝阳区	北京华阳奥通汽车销售有限公司	116.440	40.020
38	上海汽车集团股份有限公司	朝阳区	北京博瑞祥程汽车销售服务有限公司	116.514	39.952
39	广汽丰田汽车有限公司	朝阳区	北京森华通达汽车销售服务有限公司	116.473	40.012
40	东风汽车有限公司	朝阳区	北京东风南方亮马汽车销售服务有限公司	116.472	39.954
41	天津一汽丰田汽车有限公司	朝阳区	北京首汽丰田汽车销售服务有限公司	116.484	39.958

续表

序号	汽车生产企业	网点所在地	网点名称	经度	纬度
42	广汽丰田汽车有限公司	朝阳区	北京嘉程添富汽车销售服务有限公司	116.458	39.834
43	东风悦达起亚汽车有限公司	朝阳区	北京广大行汽车服务有限责任公司	116.463	39.835
44	上汽大通汽车有限公司	朝阳区	北京金名俱扬汽车销售服务有限公司	116.414	40.001
45	浙江吉利汽车有限公司	朝阳区	北京腾远兴顺汽车服务有限公司	116.526	39.939
46	威马汽车制造温州有限公司	朝阳区	北京达世行同驰汽车销售服务有限公司	116.520	39.919
47	北京奔驰汽车有限公司	朝阳区	北京波士瑞达汽车销售服务有限公司	116.525	39.940
48	丰田汽车（中国）投资有限公司	朝阳区	北京和凌雷克萨斯汽车销售服务有限公司	116.558	39.932
49	北京奔驰汽车有限公司	朝阳区	北京中升之星汽车销售服务有限公司	116.530	39.869
50	东南（福建）汽车工业有限公司	朝阳区	北京市神风华翼汽车销售服务有限公司	116.520	39.885
51	奇瑞汽车股份有限公司	朝阳区	北京庞大冀瑞汽车销售有限公司	116.552	39.875
52	丰田汽车（中国）投资有限公司	朝阳区	北京英华五方汽车销售服务有限公司	116.531	39.869
53	大庆沃尔沃汽车制造有限公司	朝阳区	北京元之沃汽车服务有限公司	116.537	39.868
54	上汽大众汽车有限公司	朝阳区	北京国服信高德汽车销售有限公司	116.526	39.873
55	威马汽车制造温州有限公司	朝阳区	北京宏和通达汽车销售服务有限公司	116.538	39.867
56	威马汽车制造温州有限公司	朝阳区	北京达世行和威汽车销售服务有限公司	116.538	39.864

续表

序号	汽车生产企业	网点所在地	网点名称	经度	纬度
57	湖南猎豹汽车股份有限公司	朝阳区	北京市北新力合汽车维修服务有限公司	116.536	39.863
58	丰田汽车（中国）投资有限公司	朝阳区	北京庞大庆鸿雷克萨斯汽车销售服务有限公司	116.524	40.034
59	北京汽车股份有限公司	朝阳区	北京华远通达汽车修理有限责任公司	116.463	39.830
60	北京奔驰汽车有限公司	朝阳区	北京波士通达汽车销售服务有限公司	116.524	39.908
61	上汽大众汽车有限公司	朝阳区	北京市艾潇汽车有限公司	116.520	39.939
62	东南（福建）汽车工业有限公司	朝阳区	北京东南得利卡汽车贸易有限公司东方基业厂	116.516	39.939
63	东风悦达起亚汽车有限公司	朝阳区	北京勤华瑞达汽车销售服务有限公司	116.512	39.939
64	天津一汽丰田汽车有限公司	朝阳区	北京三元桥丰田汽车销售服务有限公司	116.443	39.955
65	重庆长安汽车股份有限公司	大兴区	北方新兴（北京）汽车销售有限公司	116.343	39.758
66	保时捷（中国）汽车销售有限公司	大兴区	北京百得利汽车进出口集团有限公司	116.510	39.806
67	上汽大众汽车有限公司	大兴区	北京车谷汽车销售有限公司	116.345	39.758
68	天津一汽丰田汽车有限公司	大兴区	北京花乡桥丰田汽车销售服务有限公司	116.404	39.716
69	浙江豪情汽车制造有限公司	大兴区	北京京诚跃汽车服务有限公司	116.344	39.716
70	上汽大众汽车有限公司	大兴区	北京万通洪力汽车销售服务有限公司	116.445	39.799
71	上汽大众汽车有限公司	大兴区	北京冀贵汽车贸易有限公司	116.508	39.809

续表

序号	汽车生产企业	网点所在地	网点名称	经度	纬度
72	大庆沃尔沃汽车制造有限公司	大兴区	北京中汽南方华北汽车服务有限公司	116.508	39.808
73	天津一汽丰田汽车有限公司	大兴区	北京运通博裕丰田汽车销售服务有限公司	116.501	39.794
74	上海蔚来汽车有限公司	大兴区	北京和谐远达汽车销售服务有限公司	116.511	39.800
75	重庆瑞驰汽车实业有限公司	房山区	北京乾元通达汽车维修有限公司	116.098	39.715
76	东风悦达起亚汽车有限公司	房山区	北京汉青鸿宇商贸有限公司	116.013	39.707
77	上汽大众汽车有限公司	房山区	北京凯威富榴汽车销售服务有限公司	116.127	39.714
78	南京依维柯汽车有限公司	房山区	北京苏燕汽车服务中心	116.037	39.721
79	上汽大众汽车有限公司	房山区	北京高超连振汽车销售服务有限公司	116.176	39.750
80	重庆长安汽车股份有限公司	丰台区	北京新兴快马汽车服务有限公司丰台销售分公司	116.199	39.841
81	上汽大众汽车有限公司	丰台区	北京恒星天诚汽车销售有限公司	116.309	39.790
82	江铃汽车股份有限公司	丰台区	北京福铃汽车技术发展有限公司	116.280	39.857
83	上汽大众汽车有限公司	丰台区	北京海文捷汽车销售服务有限公司	116.290	39.877
84	广汽丰田汽车有限公司	丰台区	北京长京行汽车销售服务有限公司	116.349	39.852
85	天津一汽丰田汽车有限公司	丰台区	北京奥德行丰田汽车销售服务有限公司	116.348	39.851
86	北京奔驰汽车有限公司	丰台区	北京鹏龙大道汽车销售服务有限公司	116.334	39.848

续表

序号	汽车生产企业	网点所在地	网点名称	经度	纬度
87	北京奔驰汽车有限公司	丰台区	利星行（北京）汽车有限公司	116.303	39.831
88	广汽三菱汽车有限公司	丰台区	北京猎豹商贸有限责任公司	116.318	39.831
89	丰田汽车（中国）投资有限公司	丰台区	北京博瑞凌志汽车销售服务有限公司	116.398	39.830
90	天津一汽丰田汽车有限公司	丰台区	北京方庄丰田汽车销售服务有限公司	116.418	39.857
91	大庆沃尔沃汽车制造有限公司	丰台区	北京北方长福汽车销售有限责任公司京南长沃分公司	116.297	39.824
92	上汽大众汽车有限公司	丰台区	北京上汽丰华汽车销售服务有限公司	116.259	39.884
93	广汽丰田汽车有限公司	丰台区	北京嘉金福瑞汽车销售服务有限公司	116.257	39.871
94	北汽（常州）汽车有限公司	丰台区	北京市丰谷可乐汽车维修中心	116.247	39.858
95	上汽通用五菱汽车股份有限公司	丰台区	北京聚百丰汽车销售服务有限公司	116.316	39.828
96	广汽本田汽车有限公司	丰台区	北京中汽京田汽车贸易有限公司	116.221	39.878
97	长城汽车股份有限公司	丰台区	北京标特福尔汽车技术服务中心	116.225	39.874
98	奇瑞商用车（安徽）有限公司	丰台区	北京诚信达汽车销售有限公司	116.224	39.873
99	南京依维柯汽车有限公司	丰台区	北京中机恒诚汽车销售有限公司	116.186	39.828
100	广汽菲亚特克莱斯勒汽车有限公司	丰台区	北京中进道达汽车有限公司	116.304	39.831
101	重庆长安汽车股份有限公司	海淀区	北京金长风贸易有限公司	116.333	39.984

续表

序号	汽车生产企业	网点所在地	网点名称	经度	纬度
102	上海蔚来汽车有限公司	海淀区	北京盛德宝奥通汽车销售服务有限公司	116.375	39.975
103	上汽大众汽车有限公司	海淀区	北京页川瑞德汽车销售服务有限公司	116.325	40.041
104	天津一汽丰田汽车有限公司	海淀区	北京花园桥丰田汽车销售服务有限公司	116.305	39.929
105	国能新能源汽车有限责任公司	海淀区	北京京沧伟业汽车销售服务有限公司	116.328	40.043
106	天津一汽丰田汽车有限公司	海淀区	北京迎宾中升丰田汽车销售服务有限公司	116.231	39.924
107	上海蔚来汽车有限公司	海淀区	北京兰德陆华汽车销售有限公司	116.222	39.952
108	福建省汽车工业集团云度新能源汽车有限公司	海淀区	北京瑞征汽车贸易有限公司	116.228	39.946
109	广汽丰田汽车有限公司	海淀区	北京传是汽车销售服务有限公司	116.248	40.050
110	天津一汽丰田汽车有限公司	海淀区	北京金冠兴业丰田汽车销售服务有限公司	116.252	39.972
111	南京依维柯汽车有限公司	海淀区	北京祥龙博瑞汽车服务（集团）有限公司九分公司	116.325	40.042
112	上汽大众汽车有限公司	海淀区	北京广恒信丰达汽车销售服务有限公司	116.221	39.948
113	大庆沃尔沃汽车制造有限公司	海淀区	北京百得利体验科技发展有限公司	116.269	39.928
114	威马汽车制造温州有限公司	海淀区	北京达世行汽车维修服务有限公司	116.227	39.946
115	浙江吉利汽车有限公司	海淀区	北京隆晟通达汽车销售服务有限公司	116.331	40.042

续表

序号	汽车生产企业	网点所在地	网点名称	经度	纬度
116	浙江吉利汽车有限公司	海淀区	北京盛世未蓝新能源汽车销售有限公司	116.323	40.045
117	大庆沃尔沃汽车制造有限公司	海淀区	北京中汽南方中关汽车销售有限公司	116.270	39.927
118	保时捷（中国）汽车销售有限公司	海淀区	北京百得利汽车销售有限公司	116.268	39.930
119	广汽本田汽车有限公司	海淀区	北京华通伟业汽车销售服务有限公司	116.254	39.948
120	威马汽车制造温州有限公司	海淀区	北京达世行诚威汽车销售服务有限公司	116.254	39.948
121	广汽丰田汽车有限公司	海淀区	北京金时伟业汽车贸易有限公司	116.221	39.953
122	上海汽车集团股份有限公司	海淀区	北京联通隆福汽车技术服务有限公司	116.316	39.967
123	北京汽车股份有限公司	怀柔区	北京怀柔长城汽车修理有限责任公司	116.644	40.324
124	上汽大众汽车有限公司	密云区	北京德驿通程汽车销售服务有限公司	116.863	40.376
125	重庆长安汽车股份有限公司	平谷区	北京燕长风商贸有限公司	116.584	39.931
126	上汽大众汽车有限公司	平谷区	北京宏伟兴业汽车销售有限公司	117.108	40.107
127	东风悦达起亚汽车有限公司	平谷区	北京中德汽车销售有限公司	117.112	40.154
128	上汽大通汽车有限公司	石景山区	北京汇铖大通汽车销售服务有限公司	116.174	39.915
129	天津一汽丰田汽车有限公司	石景山区	北京苹果园丰田汽车销售服务有限公司	116.176	39.923
130	广汽丰田汽车有限公司	石景山区	北京大昌联丰汽车销售服务有限公司	116.176	39.914

续表

序号	汽车生产企业	网点所在地	网点名称	经度	纬度
131	丰田汽车（中国）投资有限公司	石景山区	北京博瑞翔腾雷克萨斯汽车销售服务有限公司	116.245	39.896
132	保时捷（中国）汽车销售有限公司	石景山区	北京骏宝捷汽车贸易有限公司	116.194	39.917
133	北汽福田汽车股份有限公司	石景山区	北京科佳信电子科技有限责任公司汽车维修服务中心	116.122	39.953
134	中国第一汽车集团有限公司	顺义区	北京华新凯业物资再生有限公司	116.606	40.140
135	重庆长安汽车股份有限公司	顺义区	北京燕长风汽车销售服务有限公司	116.657	40.046
136	天津一汽丰田汽车有限公司	顺义区	北京博丰长久丰田汽车销售服务有限公司	116.582	40.122
137	上汽大众汽车有限公司	顺义区	北京富熙博林汽车销售服务有限公司	116.628	40.115
138	兰州知豆电动汽车有限公司	顺义区	北京鸿通汽车修理有限公司	116.615	40.118
139	北汽（常州）汽车有限公司	顺义区	北京顺祥达汽车服务有限公司	116.563	40.079
140	江铃汽车股份有限公司	顺义区	北京昌海汽车修理有限公司第一分公司	116.657	40.115
141	广汽三菱汽车有限公司	顺义区	北京东阔达商贸有限公司	116.657	40.095
142	广汽乘用车（杭州）有限公司	顺义区	北京中广信达汽车销售服务有限公司	116.578	40.060
143	一汽－大众汽车有限公司	顺义区	北京运通嘉奥汽车销售服务有限公司	116.618	40.211
144	重庆长安汽车股份有限公司	通州区	北京通长风汽车销售服务有限公司	116.640	39.926

续表

序号	汽车生产企业	网点所在地	网点名称	经度	纬度
145	东风小康汽车有限公司	通州区	北京九九隆汽车贸易有限公司	116.650	39.933
146	广汽丰田汽车有限公司	通州区	北京博瑞东贸汽车销售服务有限公司	116.649	39.889
147	上汽大众汽车有限公司	通州区	北京东方华晟汽车销售服务有限公司	116.656	39.865
148	大庆沃尔沃汽车制造有限公司	通州区	北京正通鼎沃汽车销售服务有限公司	116.657	39.863
149	上汽大通汽车有限公司	通州区	北京路远达汽车销售服务有限责任公司	116.672	39.988
150	北京奔驰汽车有限公司	通州区	利星行之星（北京）汽车有限公司	116.562	39.737
151	重庆长安汽车股份有限公司	延庆区	北京新兴裕隆汽车销售服务有限责任公司	115.996	40.454

资料来源：中华人民共和国工业和信息化部披露的新能源汽车动力蓄电池回收服务网点信息。

参 考 文 献

[1] BP. Statistical Review of World Energy 2022 [R/OL]. https://www. bp. com/content/dam/bp/business-sites/en/global/corporate/pdfs/energy-economics/statistical-review/bp-stats-review-2022-full-report. pdf.

[2] 中华人民共和国中央人民政府．减碳，中国设定硬指标 [EB/OL]. [2020 – 09 – 30]. http://www. gov. cn/xinwen/2020 – 09/30/content_ 5548478. htm.

[3] International Energy Agency. Data and Statistics [EB/OL]. [2019 – 04 – 10]. https://www. iea. org/data – and – statistics.

[4] Harper G, Sommerville R, Kendrick E, et al. Recycling lithium-ion batteries from electric vehicles [J]. Nature, 2019, 575 (7781): 75 – 86.

[5] International Energy Agency. The role of critical minerals in clean energy transitions [R]. 2021.

[6] 中华人民共和国国家发展和改革委员会．电动汽车动力蓄电池回收利用技术政策（2015 年版）[EB/OL]. [2016 – 01 – 28]. https://www. ndrc. gov. cn/xxgk/zcfb/gg/201601/t20160128_ 961147. html.

[7] 中华人民共和国中央人民政府．新能源汽车动力蓄电池回收利用管理暂行办法 [EB/OL]. [2018 – 02 – 26]. http://www. gov. cn/xinwen/2018 – 02/26/content_ 5268875. htm.

[8] 人民网．新能源汽车的旧电池该去哪 [EB/OL]. [2019 – 12 – 25]. http://auto. people. com. cn/n1/2019/1225/c1005 – 31521533. html.

[9] 高工锂电．2020 年中国锂电池回收再利用市场前景分析 [EB/OL]. [2020 – 08 – 13]. https://www. gg-lb. com/art – 41003 – yj. html? type = 3.

[10] Tang Y, Zhang Q, Li Y, et al. The social-economic-environmental im-

pacts of recycling retired EV batteries under reward-penalty mechanism [J]. Applied Energy, 2019, 251: 113313.

[11] Bebat. Bebat in figures [EB/OL]. [2019-08-28]. https://www.bebat.be/en/bebat-figures.

[12] Becker M C, Knudsen T, Swedberg R. Schumpeter's Theory of Economic Development: 100 years of development [J]. Journal of Evolutionary Economics, 2012, 22 (5): 917-933.

[13] Karnowski V, Kümpel A S. Diffusion of Innovations [M]. M. Potthoff. Wiesbaden: Springer Fachmedien Wiesbaden, 2016.

[14] Mansfield E. Technical change and the rate of imitation [J]. Econometrica, 1961, 29: 741-766.

[15] Haupt R, Kloyer M, Lange M. Patent indicators for the technology life cycle development [J]. Research Policy, 2007, 36 (3): 387-398.

[16] 傅家骥，程源. 面对知识经济的挑战，该抓什么？——再论技术创新 [J]. 中国软科学，1998 (7): 36-39.

[17] 陈国宏，王吓忠. 技术创新、技术扩散与技术进步关系新论 [J]. 科学学研究，1995 (4): 68-73.

[18] 龚斌磊. 中国农业技术扩散与生产率区域差距 [J]. 经济研究，2022, 57 (11): 102-120.

[19] 隋梦晴，李英. 集群视角下新能源汽车技术扩散绩效影响因素实证研究 [J]. 系统管理学报，2012, 21 (5): 710-715.

[20] 李晓敏，刘毅然，杨娇娇. 中国新能源汽车推广政策效果的地域差异研究 [J]. 中国人口·资源与环境，2020, 30 (8): 51-61.

[21] 肖海林，张术丹. 中国绿色变轨型高技术产品第一批消费者的购买意向模型——基于汽车产业的多重比较研究 [J]. 管理评论，2020, 33 (1): 103.

[22] 李英，胡剑. 基于智能体的多类新能源汽车市场扩散模型 [J]. 系统管理学报，2014, 23 (5): 711-716.

[23] Bu C, Cui X, Li R, et al. Achieving net-zero emissions in China's passenger transport sector through regionally tailored mitigation strategies [J]. Applied

Energy, 2021, 284: 116265.

[24] 赵书强，周靖仁，李志伟，等．基于出行链理论的电动汽车充电需求分析方法 [J]. 电力自动化设备, 2017, 37 (8): 105 -112.

[25] 黄松渝．数据驱动的电动汽车充电行为和充电需求建模分析 [D]. 杭州：浙江大学, 2020.

[26] 吕骥，董治，吴兵．基于出行链理论的城际旅客出行特征研究 [J]. 交通科技, 2014 (1): 102 -105.

[27] 毕军，张文艳，赵小梅，等．基于数据驱动的物流电动汽车充电行为分析 [J]. 交通运输系统工程与信息, 2016, 17 (1): 106 -111.

[28] Zhao S, Zhou J, Li Z, et al. EV charging demand analysis based on trip chain theory [J]. Electric Power Automation Equipment, 2017, 37 (8): 105 -112.

[29] Arias M B, Kim M, Bae S. Prediction of electric vehicle charging-power demand in realistic urban traffic networks [J]. Applied energy, Elsevier, 2017, 195: 738 -753.

[30] Shun T, Kunyu L, Xiangning X, et al. Charging demand for electric vehicle based on stochastic analysis of trip chain [J]. IET Generation, Transmission & Distribution, IET, 2016, 10 (11): 2689 -2698.

[31] Fishbein M. An investigation of the relationships between beliefs about an object and the attitude toward that object [J]. Human relations, 1963, 16 (3): 233 -239.

[32] Fishbein M, Ajzen I. Belief, Attitude, Intention and Behavior: An Introduction to Theory and Research [M]. Addison-Wesley: 1975.

[33] Ajzen I. From intentions to actions: A theory of planned behavior [M]. Springer: 1985.

[34] Ajzen I. The theory of planned behavior [J]. Organizational behavior and human decision processes, 1991, 50 (2): 179 -211.

[35] 王月辉，王青．北京居民新能源汽车购买意向影响因素——基于TAM 和 TPB 整合模型的研究 [J]. 中国管理科学, 2013 (S2): 691 -698.

[36] 王大海，姚飞，郑玉香．基于计划行为理论的信用卡使用意向分析

及其营销策略研究［J］．管理学报，2011，8（11）：1682.

［37］邓新明．中国情景下消费者的伦理购买意向研究——基于 TPB 视角［J］．南开管理评论，2012（3）：22－32.

［38］黎志成，刘枚莲．电子商务环境下的消费者行为研究［J］．中国管理科学，2012（6）：88－91.

［39］甘臣林，谭永海，陈璐，等．基于 TPB 框架的农户认知对农地转出意愿的影响［J］．中国人口·资源与环境，2018，28（5）：152－159.

［40］丁贺，林新奇，徐洋洋．基于优势的心理氛围对创新行为的影响机制研究［J］．南开管理评论，2018，21（1）：28－38.

［41］劳可夫．消费者创新性对绿色消费行为的影响机制研究［J］．南开管理评论，2013，16（4）：106－113.

［42］王博，张玉旺．虚拟社会资本与我国互联网信用生态治理［J］．管理世界，2018，34（3）：174－175.

［43］陈禹．复杂适应系统（CAS）理论及其应用——由来，内容与启示［J］．系统辩证学学报，2001，9（4）：35－39.

［44］Holland J H. Hidden order：how adaptation builds complexity［M］. Addison-Wesley：1995.

［45］孙东川，林福永，孙凯．系统工程引论［M］．北京：清华大学出版社：2004.

［46］付强，王凯，任守德．基于复杂系统演化优化的实码多目标嵌套加速遗传算法［J］．系统工程理论与实践，2012，32（12）：2718－2723.

［47］Wu D-D，Ding X-D，Wang S，et al. Pervasive introgression facilitated domestication and adaptation in the Bos species complex［J］. Nature ecology & evolution，2018，2（7）：1139－1145.

［48］Ram Y，Hadany L. Stress-induced mutagenesis and complex adaptation［J］. Proceedings of the Royal Society B：Biological Sciences，2014，281（1792）：20141025.

［49］Moran N A. Adaptation and constraint in the complex life cycles of animals［J］. Annual Review of Ecology and Systematics，1994，25（1）：573－600.

［50］杨顺顺，栾胜基．基于多主体模型的种植业面源污染控制模拟：化

肥税－环境服务付费功效比较［J］. 系统工程理论与实践，2014，34（3）：777－786.

［51］王慧敏，佟金萍，林晨，等. 基于 CAS 的水权交易模型设计与仿真［J］. 系统工程理论与实践，2007，27（11）：164－170.

［52］黄春萍，赵林，刘璞，等. 新创企业品牌联合伙伴选择的计算实验研究［J］. 中国管理科学，2019，27（8）：129－141.

［53］侯汉坡，刘春成，孙梦水. 城市系统理论：基于复杂适应系统的认识［J］. 管理世界，2013（5）：182－183.

［54］He Z，Xiong J，Ng T S，et al. Managing competitive municipal solid waste treatment systems：An agent-based approach［J］. European Journal of Operational Research，2017，263（3）：1063－1077.

［55］Xu C，Dai Q，Gaines L，et al. Future material demand for automotive lithium-based batteries［J］. Communications Materials，2020，1（1）：99.

［56］Dunn J，Slattery M，Kendall A，et al. Circularity of lithium-ion battery materials in electric vehicles［J］. Environmental Science & Technology，2021，55（8）：5189－5198.

［57］Baars J，Domenech T，Bleischwitz R，et al. Circular economy strategies for electric vehicle batteries reduce reliance on raw materials［J］. Nature Sustainability，2021，4（1）：71－79.

［58］Zhang H，Liu G，Li J，et al. Modeling the impact of nickel recycling from batteries on nickel demand during vehicle electrification in China from 2010 to 2050［J］. Science of The Total Environment，2023，859：159964.

［59］Huang Y，Qian L，Tyfield D，et al. On the heterogeneity in consumer preferences for electric vehicles across generations and cities in China［J］. Technological Forecasting and Social Change，2021，167：120687.

［60］Ai N，Zheng J，Chen W. U. S. end-of-life electric vehicle batteries：Dynamic inventory modeling and spatial analysis for regional solutions［J］. Resources，Conservation and Recycling，2019，145：208－219.

［61］Wu Y，Yang L，Tian X，et al. Temporal and spatial analysis for end-of-life power batteries from electric vehicles in China［J］. Resources，Conservation and Recycling, 2020, 155: 104651.

[62] Deng X, Lv T. Power system planning with increasing variable renewable energy: A review of optimization models [J]. Journal of Cleaner Production, Elsevier, 2020, 246: 118962.

[63] 颜宁，李相俊，张博，等. 基于电池健康度的微电网群梯次利用储能系统容量配置方法 [J]. 高电压技术，2020 (5): 1630 - 1638.

[64] 奚培锋. 考虑梯次电池安全裕度的储充电站优化控制方法 [J]. 电器与能效管理技术，2020 (7): 36 - 41.

[65] 孙威，修晓青，肖海伟，等. 退役动力电池梯次利用的容量优化配置 [J]. 电器与能效管理技术，2017 (19): 72 - 76.

[66] Madlener R, Kirmas A. Economic Viability of Second Use Electric Vehicle Batteries for Energy Storage in Residential Applications [J]. Energy Procedia, 2017, 105: 3806 - 3815.

[67] Tang Y, Zhang Q, Mclellan B, et al. Study on the impacts of sharing business models on economic performance of distributed PV-Battery systems [J]. Energy, 2018, 161: 544 - 558.

[68] Tang Y, Zhang Q, Li H, et al. Economic Analysis on Repurposed EV batteries in a Distributed PV System under Sharing Business Models [J]. Energy Procedia, 2019, 158: 4304 - 4310.

[69] Schroeder A, Traber T. The economics of fast charging infrastructure for electric vehicles [J]. Energy Policy, 2012, 43: 136 - 144.

[70] Mouli G R C, Kefayati M, Baldick R, et al. Integrated PV charging of EV fleet based on energy prices, V2G, and offer of reserves [J]. IEEE Transactions on Smart Grid, IEEE, 2017, 10 (2): 1313 - 1325.

[71] Shafie-Khah M, Heydarian-Forushani E, Osório G J, et al. Optimal behavior of electric vehicle parking lots as demand response aggregation agents [J]. IEEE Transactions on Smart Grid, 2015, 7 (6): 2654 - 2665.

[72] Cardoso G, Stadler M, Bozchalui M C, et al. Optimal investment and scheduling of distributed energy resources with uncertainty in electric vehicle driving schedules [J]. Energy, Elsevier, 2014, 64: 17 - 30.

[73] Neyestani N, Damavandi M Y, Shafie-Khah M, et al. Allocation of plug-in vehicles' parking lots in distribution systems considering network-constrained objectives [J]. IEEE Transactions on Power Systems, 2014, 30 (5): 2643 - 2656.

[74] Mouli G C, Bauer P, Zeman M. System design for a solar powered electric vehicle charging station for workplaces [J]. Applied Energy, 2016, 168: 434 - 443.

[75] Figueiredo R, Nunes P, Brito M C. The feasibility of solar parking lots for electric vehicles [J]. Energy, 2017, 140: 1182 - 1197.

[76] Shafie-Khah M, Siano P, Fitiwi D Z, et al. An innovative two-level model for electric vehicle parking lots in distribution systems with renewable energy [J]. IEEE Transactions on Smart Grid, 2017, 9 (2): 1506 - 1520.

[77] Novoa L, Brouwer J. Dynamics of an integrated solar photovoltaic and battery storage nanogrid for electric vehicle charging [J]. Journal of Power Sources, 2018, 399: 166 - 178.

[78] Tong S J, Same A, Kootstra M A, et al. Off-grid photovoltaic vehicle charge using second life lithium batteries: An experimental and numerical investigation [J]. Applied energy, 2013, 104: 740 - 750.

[79] Funke S Á, Plötz P, Wietschel M. Invest in fast-charging infrastructure or in longer battery ranges? A cost-efficiency comparison for Germany [J]. Applied energy, Elsevier, 2019, 235: 888 - 899.

[80] Muratori M, Kontou E, Eichman J. Electricity rates for electric vehicle direct current fast charging in the United States [J]. Renewable and Sustainable Energy Reviews, 2019, 113: 109235.

[81] Muratori M, Elgqvist E, Cutler D, et al. Technology solutions to mitigate electricity cost for electric vehicle DC fast charging [J]. Applied Energy, 2019, 242: 415 - 423.

[82] Han X, Liang Y, Ai Y, et al. Economic evaluation of a PV combined energy storage charging station based on cost estimation of second-use batteries [J]. Energy, 2018, 165: 326 - 339.

[83] Luo Z, He F, Lin X, et al. Joint deployment of charging stations and photovoltaic power plants for electric vehicles [J]. Transportation Research Part D: Transport and Environment, Elsevier, 2020, 79: 102247.

[84] Magnanti T L, Wong R T. Accelerating Benders decomposition: Algorithmic enhancement and model selection criteria [J]. Operations research, 1981, 29 (3): 464-484.

[85] Lohmann T, Rebennack S. Tailored benders decomposition for a long-term power expansion model with short-term demand response [J]. Management Science, INFORMS, 2017, 63 (6): 2027-2048.

[86] Zhang J, Nault B R, Dimitrakopoulos R G. Optimizing a mineral value chain with market uncertainty using benders decomposition [J]. European Journal of Operational Research, 2019, 274 (1): 227-239.

[87] Zarrinpoor N, Fallahnezhad M S, Pishvaee M S. The design of a reliable and robust hierarchical health service network using an accelerated Benders decomposition algorithm [J]. European Journal of Operational Research, 2018, 265 (3): 1013-1032.

[88] 谢宏佐，陈涛．中国公众应对气候变化行动意愿影响因素分析——基于国内网民 3489 份的调查问卷 [J]．中国软科学，2012 (3): 79-92.

[89] 朱淀，张秀玲，牛亮云．蔬菜种植农户施用生物农药意愿研究 [J]．中国人口·资源与环境，2014，24 (4): 64-70.

[90] 帅传敏，张钰坤．中国消费者低碳产品支付意愿的差异分析——基于碳标签的情景实验数据 [J]．中国软科学，2013 (7): 61-70.

[91] 王昕，陆迁．农村社区小型水利设施合作供给意愿的实证 [J]．中国人口·资源与环境，2012，22 (6): 115-119.

[92] 陈绍军，李如春，马永斌．意愿与行为的悖离：城市居民生活垃圾分类机制研究 [J]．中国人口·资源与环境，2015，25 (9): 168-176.

[93] Zhang B, Du Z, Wang B, et al. Motivation and challenges for e-commerce in e-waste recycling under "Big data" context: A perspective from household willingness in China [J]. Technological Forecasting and Social Change, 2019, 144: 436-444.

[94] Jöreskog K G. Some contributions to maximum likelihood factor analysis [J]. Psychometrika, 1967, 32 (4): 443 -482.

[95] 邱皓政. 结构方程模型的原理与应用 [M]. 北京: 中国轻工业出版社: 2009.

[96] MacCallum R C, Austin J T. Applications of structural equation modeling in psychological research [J]. Annual review of psychology, 2000, 51 (1): 201 -226.

[97] Shook C L, Ketchen Jr D J, Hult G T M, et al. An assessment of the use of structural equation modeling in strategic management research [J]. Strategic Management Journal, 2004, 25 (4): 397 -404.

[98] 李玉梅, 刘雪娇, 杨立卓. 外商投资企业撤资: 动因与影响机理——基于东部沿海 10 个城市问卷调查的实证分析 [J]. 管理世界, 2016 (4): 37 -51.

[99] 孙娟, 李艳军. 权力与公平: 社会网络嵌入对农资零售商知识转移影响机理的实证研究——基于 SEM 的传统渠道和电商渠道情境的差异分析 [J]. 管理工程学报, 2019, 4 (33): 10 -18.

[100] 岑咏华, 王晓书, 万青, 等. 个体信息认知处理与态度形成机制的实证研究 [J]. 管理学报, 2016 (6): 880 -888.

[101] 芈凌云, 丛金秋, 丁超琼, 等. 城市居民低碳行为认知失调的成因——"知识—行为"的双中介模型 [J]. 资源科学, 2019 (5): 908 -918.

[102] 张化楠, 葛颜祥, 接玉梅, 等. 生态认知对流域居民生态补偿参与意愿的影响研究——基于大汶河的调查数据 [J]. 中国人口·资源与环境, 2019, 29 (9): 109 -116.

[103] 陈占锋, 陈纪瑛, 张斌, 等. 电子废弃物回收行为的影响因素分析——以北京市居民为调研对象 [J]. 生态经济, 2013 (2): 178 -183.

[104] 王凤. 公众参与环保行为影响因素的实证研究 [J]. 中国人口·资源与环境, 2008 (6): 30 -35.

[105] 施建刚, 司红运, 吴光东, 等. 可持续发展视角下城市交通共享产品使用行为意愿研究 [J]. 中国人口·资源与环境, 2018, 28 (6): 63 -72.

[106] Yin J, Shi S. Analysis of the mediating role of social network embed-

dedness on low-carbon household behaviour: Evidence from China [J]. Journal of Cleaner Production, 2019, 234: 858 -866.

[107] Pei Z. Roles of neighborhood ties, community attachment and local identity in residents' household waste recycling intention [J]. Journal of Cleaner Production, 2019, 241: 118217.

[108] Anderson J C. An approach for confirmatory measurement and structural equation modeling of organizational properties [J]. Management Science, 1987, 33 (4): 525 -541.

[109] Gabriel S A, Kiet S, Zhuang J. A mixed complementarity-based equilibrium model of natural gas markets [J]. Operations Research, 2005, 53 (5): 799 -818.

[110] Safarzadeh S, Rasti-Barzoki M. A game theoretic approach for assessing residential energy-efficiency program considering rebound, consumer behavior, and government policies [J]. Applied Energy, 2019, 233 -234: 44 -61.

[111] Gu H, Liu Z, Qing Q. Optimal electric vehicle production strategy under subsidy and battery recycling [J]. Energy Policy, Elsevier, 2017, 109: 579 -589.

[112] 卢超，赵梦园，陶杰，等．考虑需求和质量双重风险的动力电池回收定价策略和协调机制研究 [J]．运筹与管理，2020，29 (4)：199 -207.

[113] Gu X, Ieromonachou P, Zhou L, et al. Developing pricing strategy to optimise total profits in an electric vehicle battery closed loop supply chain [J]. Journal of cleaner production, Elsevier, 2018, 203: 376 -385.

[114] 王慧敏，刘畅，钟永光，等．基于演化博弈的动力电池回收商投资模式选择研究 [J]．工业工程与管理，2021，26 (2)：161 -170.

[115] 邱泽国，郑艺，徐耀群．新能源汽车动力电池闭环供应链回收补贴策略——基于演化博弈的分析 [J]．商业研究，2020，62 (8)：28 -36.

[116] 侯治国．新能源汽车废旧动力蓄电池回收利用企业利润和效益优化研究 [D]．徐州：中国矿业大学，2020.

[117] 郭明波．EPR 制度下动力电池梯度利用的回收决策研究 [D]．重庆：重庆交通大学，2019.

[118] 谢家平，李璟，杨非凡，等．新能源汽车闭环供应链的多级契约决策优化［J］．管理工程学报，2020，34（2）：180－193.

[119] 彭频，何旭，刘怡君，等．基于博弈分析的车用动力电池回收问题研究［J］．江西理工大学学报，2020，41（2）：47－50.

[120] 刘娟娟，马俊龙．考虑梯次利用的动力电池闭环供应链逆向补贴机制研究［J］．工业工程与管理，2021，26（3）：80－88.

[121] 付志伟．政府干预策略下废旧动力电池逆向供应链决策研究［D］．徐州：中国矿业大学，2020.

[122] Tang Y, Zhang Q, Li Y, et al. Recycling mechanisms and policy suggestions for spent electric vehicles' power battery-A case of Beijing［J］. Journal of Cleaner Production, 2018, 186: 388－406.

[123] Wang L, Wang X, Yang W. Optimal design of electric vehicle battery recycling network－From the perspective of electric vehicle manufacturers［J］. Applied Energy, Elsevier, 2020, 275: 115328.

[124] 李文玉．动力电池逆向物流网络优化研究［D］．北京：华北电力大学（北京），2018.

[125] 杨敏，熊则见．模型验证——基于主体建模的方法论问题［J］．系统工程理论与实践，2013，33（6）：1458－1470.

[126] Wooldridge M J, Jennings N R. Intelligent agents: Theory and practice［J］. The knowledge engineering review, 1995, 10（2）: 115－152.

[127] 廖守亿．复杂系统基于 Agent 的建模与仿真方法研究及应用［D］．北京：国防科学技术大学，2005.

[128] Meng X, Wen Z, Qian Y, et al. Evaluation of cleaner production technology integration for the Chinese herbal medicine industry using carbon flow analysis［J］. Journal of Cleaner Production, Elsevier, 2017, 163: 49－57.

[129] Meng X, Wen Z, Qian Y. Multi-agent based simulation for household solid waste recycling behavior［J］. Resources, conservation and recycling, 2018, 128: 535－545.

[130] 郑春燕，张海，郭栋，等．基于 AnyLogic 的车用锂电池回收模型仿真［J］．山东理工大学学报：自然科学版，2019，33（6）：25－28.

［131］世界资源研究所．迈向碳中和目标：中国道路交通领域中长期减排战略［R］．2022.

［132］中国汽车技术研究中心．中国汽车低碳行动计划研究报告（2021）［R］．2021.

［133］甘臣林，谭永海，陈璐，等．基于 TPB 框架的农户认知对农地转出意愿的影响［J］．中国人口·资源与环境，2018，28（5）：152－159.

［134］Silvia C, Krause R M. Assessing the impact of policy interventions on the adoption of plug-in electric vehicles: An agent-based model［J］. Energy Policy, 2016, 96: 105－118.

［135］Zheng J, Zhou Y, Yu R, et al. Survival rate of China passenger vehicles: A data-driven approach［J］. Energy Policy, 2019, 129: 587－597.

［136］Barré A, Deguilhem B, Grolleau S, et al. A review on lithium-ion battery ageing mechanisms and estimations for automotive applications［J］. Journal of Power Sources, 2013, 241: 680－689.

［137］Shafique M, Rafiq M, Azam A, et al. Material flow analysis for end-of-life lithium-ion batteries from battery electric vehicles in the USA and China［J］. Resources, Conservation and Recycling, 2022, 178: 106061.

［138］Jiang S, Zhang L, Hua H, et al. Assessment of end-of-life electric vehicle batteries in China: Future scenarios and economic benefits［J］. Waste Management, 2021, 135: 70－78.

［139］Zheng B, Zhang Q, Borken-Kleefeld J, et al. How will greenhouse gas emissions from motor vehicles be constrained in China around 2030?［J］. Applied Energy, 2015, 156: 230－240.

［140］Peng T, Ou X, Yuan Z, et al. Development and application of China provincial road transport energy demand and GHG emissions analysis model［J］. Applied Energy, 2018, 222: 313－328.

［141］Yu R, Cong L, Hui Y, et al. Life cycle CO_2 emissions for the new energy vehicles in China drawing on the reshaped survival pattern［J］. Science of The Total Environment, 2022, 826: 154102.

［142］Zeng A, Chen W, Rasmussen K D, et al. Battery technology and recycling alone will not save the electric mobility transition from future cobalt shortages [J]. Nature Communications, 2022, 13 (1): 1341.

[143] Qiao D, Wang G, Gao T, et al. Potential impact of the end-of-life batteries recycling of electric vehicles on lithium demand in China: 2010 – 2050 [J]. Science of The Total Environment, 2021, 764: 142835.

[144] Olivetti E A, Ceder G, Gaustad G G, et al. Lithium-ion battery supply chain considerations: Analysis of potential bottlenecks in critical metals [J]. Joule, 2017, 1 (2): 229 – 243.

[145] Bongartz L, Shammugam S, Gervais E, et al. Multidimensional criticality assessment of metal requirements for lithium-ion batteries in electric vehicles and stationary storage applications in Germany by 2050 [J]. Journal of Cleaner Production, 2021, 292: 126056.

[146] Shen J, Chen X, Li H, et al. Incorporating Health Cobenefits into Province-Driven Climate Policy: A Case of Banning New Internal Combustion Engine Vehicle Sales in China [J]. Environmental Science & Technology, 2023, 57 (3): 1214 – 1224.

[147] 中国汽车技术研究中心."双碳"目标下中国乘用车保有量及产品技术结构绿色低碳发展路线图研究 [R]. 2022.

[148] World Resources Institute. Toward net-zero emissions in the road transport sector in China [R]. 2019.

[149] 中国汽车技术研究中心. 乘用车电动化路线图 2035 研究 [R]. 2021.

[150] IEA. Global EV Outlook 2021 Technology report [R/OL]. https://iea.blob.core.windows.net/assets/ed5f4484-f556-4110-8c5c-4ede8bcba637/GlobalEVOutlook2021.pdf.

[151] 中华人民共和国中央人民政府. 2020 年政府工作报告 [EB/OL]. [2020-05-02]. http://www.gov.cn/guowuyuan/zfgzbg.htm.

[152] 中国电动汽车充电基础设施促进联盟. 中国充电联盟充换电设施统计汇总 [EB/OL]. [2019-11-12]. http://www.evcipa.org.cn/.

[153] 国家能源局. 充电桩建设还需加把劲 [EB/OL]. [2020-08-

07]. http://www. nea. gov. cn/2020 -08/07/c_ 139306872. htm.

[154] Nissan. Range and charging of Nissan e-NV200 [EB/OL]. [2021 - 01 - 01]. https://www. nissan. co. uk/vehicles/new-vehicles/e-nv200/range-charging. html#freeEditorial_ contentzone_ f2e9.

[155] Rocky Mountain Institute. Reducing EV charging infrastructure costs [EB/OL]. [2019 -10 -18]. https://rmi. org/insight/reducing-ev-charging-infrastructure-costs/.

[156] 中华人民共和国中央人民政府．关于印发新能源汽车产业发展规划（2021—2035 年）的通知 [EB/OL]. [2020 - 10 - 20]. http://www. gov. cn/zhengce/content/2020 -11/02/content_ 5556716. htm.

[157] 人民日报．新能源汽车跑得挺带劲 [EB/OL]. [2018 -04 -17]. http://www. gov. cn/xinwen/2018 -04/17/content_ 5283063. htm.

[158] Chen T, Zhang X-P, Wang J, et al. A Review on Electric Vehicle Charging Infrastructure Development in the UK [J]. Journal of Modern Power Systems and Clean Energy, 2020, 8 (2): 193 -205.

[159] OVO Energy. OVO vehicle-to-grid trial [EB/OL]. [2019 -10 -05]. https://www. ovoenergy. com/electric-cars/vehicle-to-grid-charger.

[160] Element Energy. Vehicle to Grid Britain [EB/OL]. 2019. http://www. element-energy. co. uk/publications/.

[161] 中华人民共和国中央人民政府．上海首座新能源汽车公益充电站落成 [EB/OL]. [2016 -05 -14]. http://www. gov. cn/xinwen/2016 -05/14/content_ 5073397. htm.

[162] 国家能源局．新华网带你走近光储充试点项目 [EB/OL]. [2017 - 08 -22]. http://www. nea. gov. cn/2017 -08/22/c_ 136545925_ 4. htm.

[163] 杭州市余杭区人民政府．杭州首座光储充一体化电动汽车充电站在余杭启用 [EB/OL]. [2019 -10 -31]. http://www. yuhang. gov. cn/art/2019/10/31/art_ 1532128_ 39595588. html.

[164] Solar Trade Association. Smart Export Guarantee [EB/OL]. [2020 - 06 - 28]. https://www. solar-trade. org. uk/resource-centre/advice-tips-for-households/smart-export-guarantee/.

[165] Benders J F. Partitioning procedures for solving mixed-variables programming problems [J]. Computational Management Science, Springer, 2005, 2 (1): 3 – 19.

[166] Geoffrion A M. Generalized Benders decomposition [J]. Journal of Optimization Theory and Applications, 1972, 10 (4): 237 – 260.

[167] Ketterer J C. The impact of wind power generation on the electricity price in Germany [J]. Energy Economics, 2014, 44: 270 – 280.

[168] Octopus Energy. Outgoing Octopus Frequently Asked Questions [EB/OL]. [2020 – 06 – 15]. https://octopus.energy/blog/outgoing/.

[169] Octopus Energy. Electric Car Tariff Solution [EB/OL]. [2020 – 06 – 15]. https://www.octopusev.com/tariff.

[170] Federal Highway Administration. National Household Travel Survey [EB/OL]. [2020 – 08 – 16]. https://nhts.ornl.gov/.

[171] Shafiee S, Fotuhi-Firuzabad M, Rastegar M. Investigating the impacts of plug-in hybrid electric vehicles on power distribution systems [J]. IEEE Transactions on Smart Grid, IEEE, 2013, 4 (3): 1351 – 1360.

[172] Transport for London. Electric vehicles and charge points [EB/OL]. [2020 – 06 – 17]. https://tfl.gov.uk/modes/driving/electric-vehicles-and-rapid-charging.

[173] UK EV Supply Equipment Association. A guide on electric vehicle charging and DNO engagement for local authorities [EB/OL]. [2020 – 07 – 10]. http://ukevse.org.uk/resources/uk-evse-wpd-local-authority-guidance/.

[174] JustPark. Find parking in seconds [EB/OL]. [2020 – 07 – 16]. http://www.justpark.com/.

[175] Shafie-Khah M, Heydarian-Forushani E, Golshan M, et al. Optimal trading of plug-in electric vehicle aggregation agents in a market environment for sustainability [J]. Applied Energy, Elsevier, 2016, 162: 601 – 612.

[176] He D, Lin W, Ntsama P, et al. The return of investment analysis of a PHEV charging station with coordinated charging [A]. IEEE, 2012: 1439 – 1444.

[177] 中国经济网．动力电池回收网络加速推进 好生意背后痛点难解［EB/OL］．［2021 -02 -04］．http：//finance. ce. cn/home/jrzq/dc/202102/04/t20210204_ 36292437. shtml？ from = timeline.

[178] 人民网．拍卖助推下的动力电池非法回收狂欢［EB/OL］．［2020 -03 -04］．http：//auto. people. com. cn/n1/2020/0304/c1005 -31616361. html.

[179] 中国质量新闻网．退役动力电池往哪去［EB/OL］．［2020 -09 -17］．http：//www. cqn. com. cn/zgzlb/content/2020 -09/17/content_ 8632914. htm.

[180] 吴明隆．结构方程模型：AMOS 的操作与应用［M］．重庆：重庆大学出版社：2010.

[181] Tegarden D P, Sheetz S D. Group cognitive mapping：a methodology and system for capturing and evaluating managerial and organizational cognition［J］. Omega, 2003, 31（2）：113 -125.

[182] 吴林海，侯博，高申荣．基于结构方程模型的分散农户农药残留认知与主要影响因素分析［J］．中国农村经济，2011，3：35 -48.

[183] 王志刚，李腾飞．蔬菜出口产地农户对食品安全规制的认知及其农药决策行为研究［J］．中国人口·资源与环境，2012，22（2）：164 -169.

[184] 王建华，马玉婷，刘茁，等．农业生产者农药施用行为选择逻辑及其影响因素［J］．中国人口·资源与环境，2015，25（8）：153 -161.

[185] 王彬彬，顾秋宇．中国公众气候认知与消费意愿的关系研究［J］．中国人口·资源与环境，2019，9.

[186] 齐绍洲，柳典，李锴，等．公众愿意为碳排放付费吗？——基于“碳中和”支付意愿影响因素的研究［J］．中国人口·资源与环境，2019，10.

[187] Li Q, Long R, Chen H. Empirical study of the willingness of consumers to purchase low-carbon products by considering carbon labels：A case study［J］. Journal of Cleaner Production, 2017, 161（10）：1237 -1250.

[188] 中华人民共和国工业和信息化部．新能源汽车动力蓄电池回收利用调研报告［EB/OL］．［2019 -02 -22］．http：//www. miit. gov. cn/n1146290/n1146402/n1146455/c6651808/content. html.

[189] 曲英，朱庆华．情境因素对城市居民生活垃圾源头分类行为的影响研究［J］．管理评论，2010，22（9）：121 -128.

[190] 王晓楠. 城市居民垃圾分类行为影响路径研究——差异化意愿与行动 [J]. 中国环境科学, 2020, 40 (8): 3495 - 3505.

[191] 徐国虎, 许芳. 新能源汽车购买决策的影响因素研究 [J]. 中国人口·资源与环境, 2010, 20 (11): 91 - 95.

[192] 王月辉, 王青. 北京居民新能源汽车购买意向影响因素——基于TAM 和 TPB 整合模型的研究 [J]. 中国管理科学, 2013, 21 (S2): 691 - 698.

[193] Viscusi W K, Huber J, Bell J. Promoting recycling: private values, social norms, and economic incentives [J]. American Economic Review, 2011, 101 (3): 65 - 70.

[194] Zhou H, Xiong J, Ng T S, et al. Managing competitive municipal solid waste treatment systems: An agent-based approach [J]. European Journal of Operational Research, 2017, 263: S0377221717304563.

[195] 李创, 叶露露, 王丽萍. 新能源汽车消费促进政策对潜在消费者购买意愿的影响 [J]. 中国管理科学, 2020.

[196] 苏春皓. 消费者废弃手机回收意愿影响因素分析 [D]. 天津: 天津财经大学, 2018.

[197] 秦曼, 杜元伟, 万骁乐. 基于 TPB-NAM 整合的海洋水产企业亲环境意愿研究 [J]. 中国人口·资源与环境, 2020, 30 (9): 75 - 83.

[198] 谢明志, 原敏学, 郭斌. 基于计划行为理论的农村土地流转行为研究 [J]. 西安建筑科技大学学报: 自然科学版, 2013, 45 (2): 300 - 300.

[199] 陈振, 郭杰, 欧名豪. 农户农地转出意愿与转出行为的差异分析 [J]. 资源科学, 2018, 40 (10): 2039 - 2047.

[200] 彭远春. 国外环境行为影响因素研究述评 [J]. 中国人口·资源与环境, 2013, 23 (8): 140 - 145.

[201] 芦慧, 刘严, 邹佳星, 等. 多重动机对中国居民亲环境行为的交互影响 [J]. 中国人口·资源与环境, 2020, 30 (11): 160 - 169.

[202] Chu W, Im M, Song M R, et al. Psychological and behavioral factors affecting electric vehicle adoption and satisfaction: A comparative study of early adopters in China and Korea [J]. Transportation Research Part D: Transport and

Environment, 2019, 76: 1 - 18.

[203] 蔡志坚，李莹，谢煜，等．基于 TPB 模型的农户林地转出决策行为分析框架 [J]. 林业经济，2012 (9): 8 - 12.

[204] 崔宏静，金晓彤，赵太阳，等．自我认同对地位消费行为意愿的双路径影响机制研究 [J]. 管理学报，2016，13 (7): 1028 - 1037.

[205] 崔宏静，徐尉，赵太阳，等．自我认同威胁对消费者地位产品选择的影响研究——基于权力距离信念的调节效应和地位需求的中介效应 [J]. 南开管理评论，2018，21 (6): 210 - 220.

[206] Forehand M R, Deshpandé R. What we see makes us who we are: Priming ethnic self-awareness and advertising response [J]. Journal of Marketing Research, SAGE Publications Sage CA: Los Angeles, CA, 2001, 38 (3): 336 - 348.

[207] Hong J, Chang H H. "I" follow my heart and "We" rely on reasons: The impact of self-construal on reliance on feelings versus reasons in decision making [J]. Journal of Consumer Research, University of Chicago Press Chicago, IL, 2015, 41 (6): 1392 - 1411.

[208] 李宝库，郭婷婷，吴正祥．自我构建视角下消费者闲置物品回收参与意愿研究 [J]. 管理学报，2019，16 (5): 109 - 119.

[209] 官小慧．游走商贩回收废旧家电行为影响因素研究——以南昌市为例 [D]. 南昌：华东交通大学，2016.

[210] Mardia K V, Foster K. Omnibus tests of multinormality based on skewness and kurtosis [J]. Communications in Statistics-theory and methods, Taylor & Francis, 1983, 12 (2): 207 - 221.

[211] 上海市新能源汽车公共数据采集与监测研究中心．上海市鼓励购买和使用新能源汽车暂行办法 [EB/OL]. [2014 - 05 - 04]. https://www.shevdc.org/policy/domestic_subsidy/841.jhtml.

[212] 中华人民共和国中央人民政府．关于印发生产者责任延伸制度推行方案的通知 [EB/OL]. [2016 - 12 - 25]. http://www.gov.cn/zhengce/content/2017 - 01/03/content_5156043.htm.

[213] 中华人民共和国工业和信息化部．新能源汽车动力蓄电池回收利用

溯源管理暂行规定［EB/OL］．［2018－07－03］．http：//www. miit. gov. cn/n1146285/n1146352/n3054355/n3057542/n3057544/c6245200/content. html.

［214］北京市经济和信息化局．关于发布京津冀地区新能源汽车动力蓄电池回收利用试点实施方案及征集试点示范项目的通知［EB/OL］．［2018－12－18］．http：//jxj. beijing. gov. cn/zmhd/yjzj/201911/t20191113_ 507141. html.

［215］深圳市发展和改革委员会．关于印发深圳市2018年新能源汽车推广应用财政支持政策的通知［EB/OL］．［2019－01－10］．http：//www. sz. gov. cn/zfgb/2019/gb1087/content/mpost_ 4998331. html.

［216］关于开展合肥市级新能源汽车部分财政补助资金清算的通知．关于开展合肥市级新能源汽车部分财政补助资金清算的通知［EB/OL］．［2020－07－23］．http：//fzggw. ah. gov. cn/jgsz/wgdw/snyj/nyxx/142780081. html.

［217］海南省发展和改革委员会．关于印发海南省推行生产者责任延伸制度实施方案的通知［EB/OL］．［2020－08－06］．http：//plan. hainan. gov. cn/sfgw/0400/202008/a6fc525965f8448d8d3045f754152d28. shtml.

［218］Winslow K M，Laux S J，Townsend T G．A review on the growing concern and potential management strategies of waste lithium-ion batteries［J］．Resources，Conservation and Recycling，Elsevier，2018，129：263－277.

［219］中华人民共和国中央人民政府．关于铅蓄电池回收利用管理暂行办法（征求意见稿）公开征求意见的公告［EB/OL］．［2019－08－14］．http：//www. gov. cn/xinwen/2019－08/14/content_ 5421270. htm.

［220］人民网．欧盟强化电池相关立法［EB/OL］．［2021－01－04］．http：//world. people. com. cn/n1/2021/0104/c1002－31987353. html.

［221］EU Business．Sustainable Batteries Regulation［EB/OL］．［2020－12－20］．https：//www. eubusiness. com/topics/energy/sustainable-batteries.

［222］Li J，Jiao J，Tang Y．Analysis of the impact of policies intervention on electric vehicles adoption considering information transmission—based on consumer network model［J］．Energy Policy，2020，144：111560.

［223］Mohamad I B，Usman D．Standardization and Its Effects on K-Means Clustering Algorithm［J］．Research Journal of Applied Sciences，Engineering and Technology，2013，6（17）：3299－3303.

[224] 国际新能源网．中国铁塔动力电池回收之困 [EB/OL]．[2019 - 09 - 12]．https：//newenergy. in-en. com/html/newenergy - 2352548. shtml.

[225] 黎华玲，陈永珍，宋文吉，等．锂离子动力电池的电极材料回收模式及经济性分析 [J]．新能源进展，2018，6 (6)：47 - 53.

[226] 汪一松．某市低值污染型废弃物回收体系构建研究 [D]．北京：北京邮电大学，2016.

[227] Elkington J. Towards the sustainable corporation：Win-win-win business strategies for sustainable development [J]．California management review，1994，36 (2)：90 - 100.

[228] Ashby A，Leat M，Hudson-Smith M. Making connections：a review of supply chain management and sustainability literature [J]．Supply Chain Management：An International Journal，2012，17 (5)：497 - 516.

[229] Li Y，Shi X，Su B. Economic，social and environmental impacts of fuel subsidies：A revisit of Malaysia [J]．Energy Policy，2017，110：51 - 61.

[230] 陈悦峰，董原生，邓立群．基于 Agent 仿真平台的比较研究 [J]．系统仿真学报，2011 (S1)：110 - 116.

[231] 北京市统计局．北京统计年鉴2020 [EB/OL]．[2021 - 01 - 10]．http：//nj. tjj. beijing. gov. cn/nj/main/2020 - tjnj/zk/indexch. htm.

[232] 董庆银，谭全银，郝硕硕，等．北京市新能源汽车动力电池回收模式及经济性分析 [J]．科技管理研究，2020，40 (20)：226 - 232.

[233] Qiao Q，Zhao F，Liu Z，et al. Electric vehicle recycling in China：Economic and environmental benefits [J]．Resources，Conservation and Recycling，2019，140：45 - 53.

[234] Qiao Q，Zhao F，Liu Z，et al. Life cycle cost and GHG emission benefits of electric vehicles in China [J]．Transportation Research Part D：Transport and Environment，2020，86：102418.

[235] 淮安经济技术开发区人民检察院．非法拆解废旧电池牟利，环境治理成本达两千万 [EB/OL]．[2018 - 09 - 23]．http：//hakfq. jsjc. gov. cn/zt/yasf/201812/t20181221_ 709631. shtml.